LEIERFISCHE
IM MEERWASSERAQUARIUM
PFLEGE UND NACHZUCHT

Wolfgang Mai

13

Bildnachweis
Titelbild: *Pterosynchiropus splendidus*

Bild Seite 1: *Neosynchiropus stellatus*, Paar
Foto: D. Schauer

Fotos ohne Bildnachweis vom Autor

ISBN: 978-3-86659-109-7

An der Kleimannbrücke 39/41
48157 Münster
www.ms-verlag.de
Geschäftsführung: Matthias Schmidt
Lektorat: Daniel Knop & Kriton Kunz
Layout: Tanja Denker
Druck: Druckhaus Fromm, Osnabrück

Inhalt

Ein *Pterosynchiropus-splendidus*-Männchen stellt im Aquarium imponierend die Flossen auf.

Vorwort

„Das ist aber ein interessanter Fisch, der sieht ja aus wie ein Drache! Schau mal, diese Froschaugen, die wunderschönen Farben, und wie er seine Flossen bewegt – so etwas habe ich ja noch nie gesehen!" Solche und ähnliche Ausrufe höre ich meist, wenn interessierte Betrachter vor meinem Aquarium stehen und einen der Leierfische entdecken. Es zeigt sich immer wieder, dass die auf den ersten Blick kaum ins Auge springenden Aquarienbewohner eine viel größere Anziehungskraft besitzen als zu vermuten wäre. Es müssen also nicht immer die auffälligen, großen, offen umherschwimmenden Fische sein, die ein Aquarium interessant machen. Die kleineren, teilweise im Verborgenen lebenden Fische zu beobachten, kann ebenso reizvoll sein. Bei näherem Hinsehen wird man bei den LSD- und Mandarinfischen neben den wunderschönen bunten Punkt- und Labyrinthzeichnungen auch schnell interessante Verhaltensweisen bemerken.

Diese Arten brauchen jedoch mindestens so viel Aufmerksamkeit bei der Pflege wie große Fische, die im Gegensatz zu den Leierfischen auch immer zuerst am Futter sind und den langsameren

Neosynchiropus ocellatus, Kopfporträt beim Fressen eines Cirratulidae-Ringelwurms
Foto: D. Schauer

Beckenbewohnern das Leben etwas schwerer machen.

Mit diesem Buch möchte ich Ihnen dabei helfen, Leierfische im Aquarium artgerecht zu versorgen und zu halten. Wir müssen uns immer wieder die Frage stellen, ob wir alles Nötige für das Wohlbefinden unserer Pfleglinge tun, denn es handelt sich ja bei unseren Aquarien um einen Lebensraum, in dem alle Lebewesen von unserer Fürsorge und unserem Wissen abhängig sind.

Richtige Pflege, gute Wasserqualität und gesunder Ernährung werden uns die Fische durch ein langes Leben danken. Eine gute Beobachtungsgabe ist nötig, um Fehler rechtzeitig zu erkennen und zu korrigieren. Dazu wünsche ich allen Aquarianern die nötige Aufmerksamkeit, Einsicht und Geduld.

Bedanken möchte ich mich an dieser Stelle bei meiner Frau, ohne deren großartige Unterstützung und Hilfe mir die Aquaristik in dieser umfassenden Form ebenso unmöglich wäre wie das Schreiben von Nachzuchtberichten und Manuskripten, bei dem sie mir ebenfalls tatkräftig unter die Arme greift.

Mönchengladbach, im Herbst 2009
Wolfgang Mai

Ocellus-Leierfisch
(*Neosynchiropus ocellatus*)
Foto: E. Thaler

Verbreitung und Lebensweise

Leierfische werden in 18 Gattungen und etwa 130 Arten aufgeteilt. Im Handel werden aber nur wenige regelmäßig angeboten. Viele sind bisher zwar wissenschaftlich beschrieben, aber noch nie in Aquarien gepflegt worden. Sie sind über den gesamten indopazifischen Raum verbreitet. Auch in anderen Weltmeeren gibt es Vertreter der Leierfische, sogar im Mittelmeer und im Schwarzen Meer kann man sie entdecken. Die schönsten Arten aber findet man nur im weit entfernten Indopazifik um Malaysia und Neuguinea.

Der Mandarinfisch (*Pterosynchiropus splendidus*) und der LSD-Fisch (*P. picturatus*) zählen wegen ihrer ausgefallenen Farben sicher zu den beliebtesten Leierfischen und stehen darum auch im Mittelpunkt dieses Buchs. Aber auch *Neosynchiropus stellatus* und *Neosynchiropus ocellatus* sind interessante Aquarienbewohner, die Beachtung finden sollten. Was die Pflege und Aufzucht angeht, gibt es bei den einzelnen Arten nur unbedeutende Unterschiede, und die hier geschilderten Beobachtungen und Hinweise gelten darum eigentlich für alle Leierfischarten.

Die schuppenlosen Leierfische hüllen sich nachts zum Schutz in eine giftige Schleimhülle, die morgens in kürzester Zeit wieder biologisch abgebaut wird und im Aquarium normalerweise keinen Schaden anrichtet. Schon aus offensichtlichen Gründen wie ihrem Sauerstoff-

und Platzbedarf wird ein umsichtiger Händler nicht mehrere Fische gemeinsam in denselben Transportbeutel setzen. In einen Plastikbeutel oder in ein anderes enges Gefäß, in dem der Aquarianer – aus welchen Gründen auch immer – mehrere Fische gleichzeitig transportieren will, gehören auf keinen Fall Leierfische! Der unter Stress abgesonderte Schleim ist hochgradig toxisch und schädigt oder tötet im selben Behältnis sitzende andere Aquarienbewohner in kürzester Zeit. Wer also beim Umzug oder größeren Umbaumaßnahmen an seinem Miniriff Fische aus dem Aquarium nehmen muss, ist gut beraten, LSD- und Mandarinfische separat zu setzen.

Mandarinfisch (*Pterosynchiropus splendidus*)

Leierfische sind Bodenbewohner, die den freien Schwimmraum selten nutzen. Sie schwimmen immer mit dem Bauch dem Substrat zugewandt und sind ständig auf der Suche nach Würmern und Krebsartigen als Nahrung. An Felsüberhängen und in Höhlen sieht man sie darum oft auch kopfüber schwimmend.

Sie brauchen in der Eingewöhnungsphase ein eingefahrenes Aquarium mit reichlich Kleinlebewesen als Nahrungsgrundlage. Wildfänge nehmen zunächst nur zögernd Frostfutter an. Sie fressen ohnehin lieber krebs- und wurmartige Kleinsttierchen bis 1 mm Größe. An den üblichen Frostfuttermix wie Artemia und Mysis, die ja zwischen 5 und 15 mm lang sein können, muss man sie erst langsam gewöhnen. Aufgetaute Bosmiden oder Wasserflöhe („Salzwassermoina") werden noch am schnellsten akzeptiert. Einmal frostfutterfest, werden diese langsam fressenden Fische sogar unter etwas härterer Futterkonkurrenz kugelrund.

LSD-Fisch (*Pterosynchiropus picturatus*)

Pterosynchiropus splendidus, Weibchen, grüne Farbvariante

Pterosynchiropus-splendidus-Männchen mit aufgerichteter Rückenflosse im Kopfporträt

Der Mandarinfisch (*Pterosynchiropus splendidus*)

Pterosynchiropus splendidus wird bei uns unter dem deutschen Namen „Mandarinfisch" angeboten und ist der bekannteste Leierfisch. Die Bezeichnung ist wohl abgeleitet vom überaus bunten Gewand des Mandarins, eines hohen Würdenträgers im alten China, der mit seinem ebenso bunten Handfächer eine imposante Erscheinung darstellte. *Pterosynchiropus splendidus* kommt im gesamten Westpazifik vor.

Das Mandarinfisch-Männchen wird bis 10 cm lang, das Weibchen bis maximal 8 cm.

Die Grundfarbe schwankt von Grünbraun bis Braunorange, abhängig vom Verbreitungsgebiet, und wird durchzogen von azurblauen Linien, die dunkelblau gesäumt sind. Unterhalb des Mauls bis zur Kehle haben die Fische eine hellere, etwa lindgrüne Farbe. Auf dem unteren Teil der Kiemendeckel leuchten auf dunkelblauem Grund ungleichmäßige orange Punkte. Die Bauchflossen sind dunkelblau, die Brustflossen durchscheinend blau.

Die Grundfarbe sowie die azurblauen Linen des Körpers setzen sich bis in die äußerste Spitze der Rückenflosse fort. Der Schwanz ist bis zum äußersten Rand durchgefärbt und wirkt wie der Fächer eines Mandarins. Die sich abwechselnden blauen und rot-orange Strahlen werden wiederum durch einen dunkelblauen Saum begrenzt. Auch der bis zu 5 cm lange erste Strahl der Rückenflosse, der sogenannte Stachel, und die Rückenflosse selbst sind voll durchgefärbt. Der bei Erregung aufgerichtete Stachel ergibt zusammen mit der bauchig auslaufenden Rückenflosse die Form einer Leier, einem Musikinstrument aus dem Mittelalter – daher der deutsche Name dieser Fischgruppe.

Es handelt sich um einen gedrungen wirkenden Fisch mit großem Kopf und froschähnlichen, seitlich vorstehenden Augen mit einem dicken, wulstigen Rand. Das leicht nach unten gerichtete Maul ist klein und spitz zulaufend. Der Mandarinfisch kann damit kleine und kleinste Tiere vom Boden und aus den unzugänglichsten Riffspalten aufpicken. Die ruckartige, knapp über dem Bodengrund hüpfende Schwimmweise wirkt manchmal, als ob diese Fische keine Schwimmblase hätten. Die Brustflossen sind dabei als Hauptsteuerungs- und Fortbewegungsmittel immer in Bewegung. Es wird fortwährend kleines Zooplankton gesucht und aufgepickt. Diese Schwimmweise und das ständige „Futterpicken“ sind übrigens ein unübersehbares Markenzeichen aller gesunden Leierfische. Sie sind fast ständig in Bewegung. Nur bei Unwohlsein oder nachts während der Schlafphase verharren die Fische längere Zeit am selben Ort.

Der Mandarinfisch wird immer wieder als Wildfang angeboten, interessanterweise aber zu 95 % nur in Form ausgewachsener Männchen. Weibliche Tiere sind kaum noch zu bekommen. Das ist schon seit einigen Jahren so und eigentlich nur mit den neueren, nach MAC-Standard durchgeführten Fangmethoden zu erklären. Das wird einem sofort klar, wenn man die Fische einige Zeit pflegt und sie genauer beobachtet. Die Männchen lassen sich durch ein Spiegelbild leicht aus der Reserve locken. Das nutze ich beim Fotografieren natürlich aus, indem ich ihnen einen Spiegel vorhalte und die Fische somit in die richtige Position bringen kann. Ein kleiner Tipp: Den Spiegel durch eine Folie abdunkeln, um das Spiegelbild etwas zu entschärfen, denn sonst kann es sein, dass sein eigenes Spiegelbild den mit aufgerichtetem Rückenflossenstachel angreifenden „Platzhirsch“ doch das Fürchten lehrt und er dann Reißaus nimmt. Bei abgedunkeltem Zimmer ist das Spiegelbild einer vor die Frontscheibe gehaltenen polierten schwarzen, klei-

Pterosynchiropus splendidus, rote Farbmorphe
Foto: E. Thaler

Pterosynchiropus-splendidus-Männchen beim Werben, davor das Weibchen

Pterosynchiropus-splendidus-Männchen mit aufgerichtetem Rückenflossenstachel

nen Plexiglasplatte Bedrohung und Provokation genug. So bekommt man die schönsten Fotos.

Leierfische leben sehr versteckt und sind nicht leicht zu erbeuten. Auch wenn sie keine schnellen Schwimmer sind, ist das Fangen mit einem Kescher fast nicht möglich, weil sie immer in guter Deckung zwischen Korallenblöcken und Steinen bleiben. Die alte und strikt zu verurteilende Giftfangmethode mit Kaliumzyanid brachte zwar großen Fangerfolg – man brauchte das Gift ja nur um einen Korallenblock zu spritzen und konnte die betäubten Fische einsammeln, und dabei wurden dann auch ausreichend Weibchen mit eingesammelt. Doch die Folgen dieser verantwortungslosen Fangmethode waren katastrophal, denn einerseits war die Schädigung des betreffenden Riffabschnittes dramatisch, und andererseits hatten die gefangenen Fische durch das aufgenommene Gift auch keine große Überlebenschance. Ein Großteil ging allerdings erst nach Wochen oder Monaten beim Aquarianer

*Pterosynchiropus-splendidus-*Männchen beim Werben, davor das Weibchen

zugrunde. Der hatte sich natürlich vorher bemüht, den Neuankömmling ans Kunstfutter zu bringen, was aber oft genug nicht gelang. Natürlich sind mangelhaftes Futter und fehlende Planktonorganismen in unzureichenden, frisch eingerichteten Aquarien ein Grund für die hohe Sterblichkeitsrate dieser Fische, aber das ist eben nur eine der Ursachen. Die Folgeschäden durch Fanggifte sind nicht beweisbar, machen aber meines Erachtens den wesentlich größeren Anteil aus. Ausgemergelte, halb verhungerte Tiere waren bei den Händlern immer wieder anzutreffen. Da halfen dann auch das beste Futter und das rührigste Bemühen der Aquarianer nicht.

Nach zertifizierten MAC-Fangmethoden werden die Tiere in neuester Zeit z. B. mit einem kleinen Spieß gefangen. Dabei werden die Fische nur leicht an den Flossen verletzt. Solche Schäden heilen schnell ab und bleiben für den Fisch ohne Folgen. Ich denke, dass bei dieser Fangmethode eine Provokation der Fische notwendig ist, um sie in die richtige Position zu bekommen. Die weiblichen Leierfische lassen sich aber nicht so leicht durch Provokation aus den Verstecken locken und werden somit auch seltener gefangen, so dass heute kaum noch Weibchen unter den Wildfängen auftauchen. Dies gilt natürlich auch für den ohnehin seltener eingeführten *P. picturatus*. Das ist einer von vielen Gründen dafür, dass wir Meerwasseraquarianer alle Anstrengungen unternehmen sollten, Nachzuchten zu produzieren, denn dabei haben wir einen ganz natürlichen Weibchenanteil von 40–50 %.

Der LSD-Fisch (*Pterosynchiropus picturatus*)

Pterosynchiropus picturatus hat eine grünlich beige Grundfarbe mit auffälligen, über den gesamten Körper verteilten, dunkelgrünen Punkten. Die Punkte selbst sind von farbigen Kreisen umsäumt. Der erste Saum ist orangerot, dann folgt Schwarz, und der äußere ist dunkelgrün. Die Rücken- und Afterflossen haben eine ebenfalls grünbeige Grundfarbe und schwarzgrüne Flecken, die wiederum mit einem dunkelgrünen, teilweise aber auch leuchtend himmelblauen Saum versehen sind. Warum dieser Fisch auch „LSD-Fisch" genannt wird, kann ich nicht genau sagen. Ich habe mit dieser Droge keine persönlichen Erfahrungen, kann also nicht beurteilen, ob man nach der Einnahme solcher Mittel derart bunte Punkte und Flecken wahrnimmt …

Das Verbreitungsgebiet dieser Art ist der Westpazifik. Der LSD-Fisch bleibt mit 5–6 cm etwas kleiner als der Mandarinfisch. Auch der für die Leierfische kennzeichnende erste Rückenflossenstachel ist wesentlich kürzer als bei *P. splendidus*. Wenn er nicht zum Drohen oder Imponieren aufgerichtet wird, ist dieses obligatorische Geschlechtsmerkmal gegenüber den stachellosen Weibchen nicht sichtbar; man muss schon genau hinsehen und die Fische längere Zeit beobachten, um bei einem Fachhändler ein echtes Paar zu entdecken.

Leider finden sich unter den angebotenen Tieren oft halbwüchsige, total ausgemergelte und vermutlich mit Gift gefangene Tiere, die selbst unter besten Bedingungen beim Aquarianer keine Überlebenschance haben. Ich habe in früherer Zeit mehrfach versucht, solche Tiere zu retten und sie blauäugig gekauft. Dabei bin ich jedes Mal gescheitert. Deshalb: Hände weg von ausgemergelten Exemplaren. Nur wenn die Fachhändler auf solchen Todeskandidaten sitzen bleiben, wird sich vielleicht bezüglich der Giftfänge etwas ändern. Das Angebot ist zeitweise groß, und der Preis meist verlockend, doch nur eine konsequent fehlende Nachfrage kann auf die Dauer Wirkung zeigen. Wenn man nach MAC-

Pterosynchiropus picturatus, Weibchen

zertifizierten Importeuren, Groß- und Einzelhändlern schaut, kann man sicher sein, giftfrei gefangene Tiere zu bekommen, oder man sucht nach den immer noch wenigen Nachzuchten, die es bisweilen gibt.

Ocellus-Leierfisch und Sternen-Leierfisch

Die Gattung *Neosynchiropus* enthält zwei weitere attraktive Leierfische ähnlicher Größe, die im gesamten Indopazifik verbreitet sind und recht oft im Fachhandel auftauchen: *N. stellatus* (Sternen-Leierfisch) und *N. ocellatus* (Ocellus-Leierfisch). Sie beide sind unproblematisch in der Aquarienpflege, sofern den speziellen Erfordernissen der Leierfische Rechnung getragen wird. Farblich sind sie etwas weniger auffällig, als die beiden zuvor beschriebenen, doch ihr Verhalten macht sie zu ebenso interessanten Pfleglingen, und auch sie laichen in Aquarien regelmäßig ab.

Bild links: ***Neosynchiropus stellatus***
Foto: D. Schauer

Bild rechts: ***Neosynchiropus ocellatus***
Foto: D. Schauer

Aquarienpflege

Auch kräftige, gut genährte Leierfische brauchen für ein langes Aquarienleben von hoffentlich 8–12 Jahren ein gut eingefahrenes Aquarium mit ausreichendem Futterangebot. Kleinste Krebsartige in Form von Copepoden, Asseln und vielleicht mit etwas Glück sogar kleinen Mysidaceen als Zusatznahrung sollten vorhanden sein. Ein mit Steinkorallen ausgefülltes, aber nahrungsarmes Becken ist dabei nicht unbedingt das Ideale. Es sollte ein gut strukturiertes Aquarium mit vielen Nischen sein, das mit Algenteppichen bewachsene Steine und freie Sandflächen aufweist. Korallen dürfen natürlich nicht fehlen, aber auf lebenden Korallen finden diese Fische in der Regel nicht ihre Nahrung.

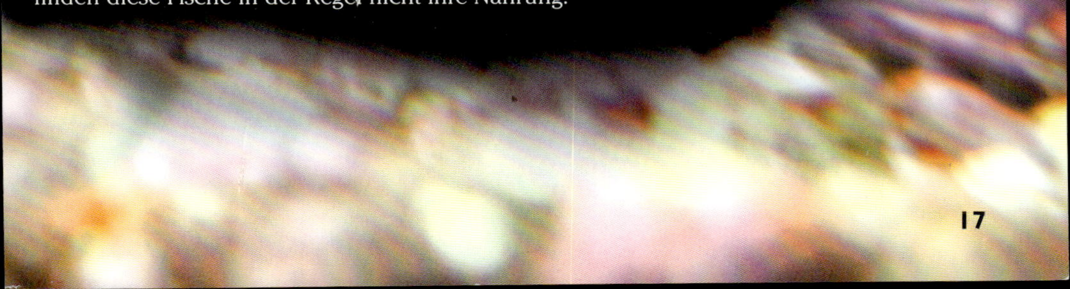

Ein solches Aquarium bietet Leierfischen ein ideales Umfeld.

Ein Seepferdchen-aquarium ist auch für Leierfische optimal.

Ein gut strukturiertes Seepferdchenaquarium stellt das ideale Umfeld dar, weil sich Leierfische und Seepferdchen gegenseitig nicht stören. Leierfische fressen nach einer mehr oder weniger langen Eingewöhnungszeit eigentlich alles, was an krebshaltigen Frostfuttersorten gereicht wird, vorausgesetzt es hat mundgerechte Größe. Bosmiden, Artemia und Mysis sollten täglich zwei- bis dreimal verfüttert werden. Dabei ist darauf zu achten, dass schnell fressende Fische den behäbi-

Diese winzigen Schwimmgarnelen, die sich in nahezu jedem Riffaquarium befinden und vor allem in Refugien schnell dichte Populationen erzeugen, sind die ideale Nahrung für Leierfische.

gen und wählerischen Leierfischen nicht alles wegschnappen. Unter Umständen muss man etwas Futter mit einer 100-ml-Spritze und einem langen Futterrohr an einer für größere Fische unzugänglicheren Stelle platzieren. An solche Futterplätze kann man viele der empfindlicheren Fischarten gewöhnen und diese so in einem Aquarium mit etwas lebhafteren Fischen zusammen halten.

Leierfische fühlen sich in ruhiger Gesellschaft am wohlsten, und auch die moderate Revierverteidigung dieses *Opistignathus castelnaui* verschreckt sie nicht.

Wer sich wirklich dauerhaft die Mühe macht und täglich mindestens zweimal einen für die größeren Fische unzugänglichen Futterplatz ausreichend mit frischem Frostfutter bestückt, kann Leierfische also auch gut im normalen Gesellschaftsaquarium pflegen. Wenn die Fische gesund und gut genährt sein sollen, ist es ausgesprochen wichtig, sie möglichst rasch an Ersatzfutter zu gewöhnen, denn selbst in einem reifen, eingefahrenen Aquarium ist der Vorrat an vorhandenen Copepoden und Würmern meist auf die Dauer doch nicht ausreichend. Die Leierfische sollen ja nicht nur gerade so viel Futter vorfinden, dass sie überleben, sondern sie sollen optimal genährt sein und einen runden Bauch zeigen.

Ein Mandarinfisch sucht ohne Scheu zwischen Seepferdchen seine Nahrung.

Die giftige Schleimhaut der Leierfische schützt sie, so dass sie sich auch vor den Scheinangriffen dieses *Opistignathus castelnaui* nicht verunsichern lassen.

Alle Leierfischarten hält man am besten paarweise, dann fühlen sie sich viel wohler und zeigen die volle Bandbreite ihres natürlichen Verhaltens. Obgleich diese Fische eigentlich keinen sehr großen Raumbedarf haben, ist der territoriale Anspruch doch so groß, dass selbst in einem 2.000-l-Aquarium keine zwei Männchen derselben Art leben können. Weibchen sind untereinander weniger aggressiv, obwohl es immer ein dominantes Weibchen gibt, das weitere Geschlechtsgenossinnen nur akzeptiert, solange diese sich unterordnen und bei einem zufälligen Zusammentreffen ausweichen. So können in einem Aquarium ab 800 l, entsprechendes Futterangebot vorausgesetzt, durchaus ein Paar Mandarinfische, ein Paar LSD-Fische und sogar noch ein Paar *Neosynchiropus stellatus* zusammenleben. Leierfische lassen sich durch andere Fischarten eigentlich überhaupt nicht stören. Sie suchen knapp über dem Boden und an sämtlichen Dekorationsgegenständen „schwebend und hüpfend" im gesamten Aquarium nach Nahrung. Die giftige Schleimhaut gibt den Leierfischen große Sicherheit, so dass sie sogar bei Annäherung größerer Fische keinerlei Fluchtreaktionen zeigen.

Paarbildung und Balz

Bereits im Alter von fünf Monaten ist bei den männlichen Leierfischen der verlängerte erste Rückenflossenstachel ein deutliches Unterscheidungsmerkmal bei der Geschlechtsbestimmung. Beim Zusammensetzen zweier Fische ist das sehr wichtig. Beim LSD-Fisch muss man schon etwas genauer hinschauen, aber beim Mandarin und bei *Neosynchiropus stellatus* ist die markante Verlängerung des Rückenflossenstachels deutlich sichtbar.

Ein gut ernährtes Leierfischpaar ist bereits im Alter von 8–9 Monaten geschlechtsreif und wird regelmäßig Nachwuchs produzieren. Bei einer Wassertemperatur von gleichbleibend 26–27 °C wird man fast jeden zweiten oder dritten Abend das Paarungsritual beobachten können. Ein laichfähiges Weibchen hat fast ständig einen mehr oder weniger großen, runden Bauch. Meine sicherlich sehr gut genährten Weibchen zeigen manchmal einen regelrechten „Kugelfischbauch“, so dass man meinen könnte, sie würden gleich platzen.

Pterosynchiropus-splendidus-Paar, blaue Farbmorphe. Beim imponierenden Männchen ist die Farbmusterung besonders gut zu sehen, denn beim Aufstellen der Flossen zeigt dieser zauberhafte Fisch seine ganze Pracht.

Pterosynchiropus-splendidus-Paar beim Synchronschwimmen

Alle Fische haben eine innere Uhr. Sie wissen nach einer Eingewöhnungszeit genau, wann der Tag zu Ende geht. Wenn das Aquarienlicht (wie es eigentlich üblich sein sollte) über eine Zeitschaltuhr immer zur gleichen Zeit ein- und ausgeschaltet wird, beginnt das Paarungsschauspiel 30–50 Minuten vor dem Abschalten der Beleuchtung. Günstig ist eine stufenweise Reduzierung der einzelnen Lampen.

Beim Paarungsritual umschwimmt das Männchen in immer enger werdenden Kreisen das Weibchen. Dabei wird der Rückenflossenstachel aufgestellt, und alle Flossen werden abgespreizt. Das Männchen erstrahlt dann in noch kräftigeren Farben. Das Weibchen wird zunächst noch vollkommen unbeeindruckt den Boden nach Nahrung absuchen und diese aufpicken. Ist es dann irgendwann doch vom Paarungstanz des Männchens angetan und laichbereit, steigt es zusammen mit dem Partner Seite an Seite zur Wasseroberfläche auf. Dort angekommen, können sie das Paarschwimmen an der Wasseroberfläche horizontal noch kurz fortsetzen. Zur eigentlichen Paarung mit Absetzen der Eier und des Samens kommt es im Aquarium in der Regel nicht beim ersten Aufstieg. Im Gegenteil, man wird dieses Schauspiel zehn-, zwanzigmal oder noch öfter beobachten können, ohne dass ein sichtbares Ergebnis resultiert. Vielleicht ist in einem normalen Aquarium der Weg zur Wasseroberfläche einfach zu kurz, um direkt abzulaichen. Es ist offenbar eine vollkommene Harmonie zwischen den beiden Partnern nötig, die etwas Zeit und eine gewisse gemeinsame Wegstrecke erfordert. Ich kann mir nicht vorstellen, dass im natürlichen Lebensraum ein mehrfacher Aufstieg ins

Neosynchiropus-stellatus-Paar bei der Paarung
Foto: D. Schauer

Freiwasser sinnvoll wäre. Wenn auch die giftige Schleimhaut etwas Sicherheit vor dem Gefressenwerden bietet, ist es für zwei auf keinen Feind achtende und langsam frei im Wasser hochschwebende kleine Fische dennoch sehr gefährlich.

Pterosynchiropus-splendidus-Paar beim Paarungsaufstieg

Das Paarungsritual kann sich manchmal bis zum Abschalten der Beleuchtung hinziehen, ohne dass sich ein Ablaichen beobachten ließe. Fehlt eine ausreichend starke Nachtbeleuchtung, bei der sich das Paar noch finden und ablaichen könnte, ist es möglich, dass es erst am Folgeabend zum Ablaichen kommt. Natürlich wird man auch am zweiten Abend einige Aufstiege beobachten, denn selbst bei höchster Laichnot des Weibchens erfolgt das Ausstoßen der Eier, wie gesagt, fast nie beim ersten Aufstieg.

Der Laichakt selbst geht dann blitzartig vonstatten. Dabei werden Eier und Samen zusammen in Richtung Wasseroberfläche katapultiert. Das Paar selbst taucht genauso rasch wieder ab und zieht sich in den

Pterosynchiropus-
picturatus-Paar beim
Synchronschwimmen

Schutz der Korallen und Felsblöcke zurück. Die befruchteten, im Wasser treibenden Eier sind kaum sichtbar.

Die effektivste Weise, die Eier von Leierfischen und natürlich auch anderen Freilaichern aufzufangen, ist das Abschöpfen der Brut mit einem Becher im Moment des Ablaichens. Das bedeutet, dass man zu später Stunde vor einem schwach beleuchteten Aquarium hocken, warten und gut aufpassen muss. Wer den Laich zu Aufzuchtzwecken auffangen will, braucht also viel Geduld, ein gutes Auge und ein ruhiges, ausgeglichenes Wesen, denn hektische Bewegungen vor dem Aquarium während des Aufstieges können das Paar erschrecken, und alles beginnt wieder von vorn. Die Strömungspumpen sollten abgeschaltet werden, um den Laich nicht unnötig zu verwirbeln.

Ein Weibchen kann jeden zweiten bis dritten Tag 200–500 Eier produzieren. Bis zu 250 befruchtete Eier konnte ich mit einem 0,5 l fassenden Becher schon abschöpfen.

Pterosynchiropus picturatus, Männchen (oben) und laichbereites Weibchen (unten), Letzteres zu erkennen am runden Bauch

Die Eier sind empfindlich und sollten nicht mit einem feinmaschigen Netz abgefischt werden. Das wäre zwar wesentlich einfacher, und man würde fast alle Eier auffangen, aber in den meisten Fällen entwickeln sich daraus nur wenige Larven.

Andere Fische im Aquarium bemerken laichbereite Beckenbewohner sofort und warten regelrecht auf die Eier, um sie zu fressen. Dabei tun sich besonders dämmerungsaktive Fische wie der Banggai-Kardinalbarsch (*Pterapogon kauderni*) und einige Lippfischarten hervor. Sie preschen meist sofort in die zur Wasseroberfläche treibende Samen-Ei-Wolke, um möglichst viele Eier zu erhaschen. Solche Fische sind also eine regelrechte Konkurrenz zu unseren züchterischen Abschöpfbemühungen. Mit etwas Übung und Beobachtungsgabe wird der einfühlsame Aquarianer den Zeitpunkt des Ablaichens aber relativ genau erkennen und im richtigen Moment mit einem Schöpfbecher die kurzzeitig noch ziemlich zusammenhängende Samen-Ei-Wolke knapp unter der Wasseroberfläche auffangen können.

Pterosynchiropus-picturatus-Paar beim Paarungsaufstieg

*Neosynchiropus-stellatus-***Paar** Foto: D. Schauer

Das setzt natürlich auch einige Übung voraus, aber es ist nach meiner langjährigen Erfahrung sicherlich die beste Fangmethode für den Leierfischnachwuchs. Man muss nur schnell handeln, denn die Eier treiben an der Wasseroberfläche sofort auseinander und sind im Dämmerlicht dann kaum noch auszumachen. Die wartenden Räuber aber sind umgehend zur Stelle, schnappen gierig nach den für uns fast unsichtbaren Eiern und verdriften diese durch ihre wilden Schwimmbewegungen dann noch schneller.

*Neosynchiropus-ocellatus-***Paar beim Paarungsaufstieg** Foto: E. Thaler

Nachzucht

Auffangen der Brut

Da mir leider oft die Zeit fehlt, allabendlich zur rechten Zeit vor dem Aquarium zu sitzen und auf den Fischlaich zu warten, habe ich mir eine spezielle Aquarienanlage bauen lassen, bei der drei Fangeinrichtungen eingesetzt werden können (siehe Mai 2008). Die gesamte Filterung läuft über einen Oberflächenablauf und entsprechende Ablaufschächte. In diese Ablaufschächte kann ich Auffangkästen einsetzen, die mit einem 150- oder 300-µm-Gazenetz für unterschiedliche Larvengrößen ausgestattet sind. Je nachdem, wie nahe am Ablaufschacht der Ablaichvorgang stattfindet, geraten mehr oder weniger Eier in den Überlauf. Damit kann ich wenigstens 10–20 % der Eier auffangen. Der Rest ist dann natürlich verloren, wird gefressen oder verdriftet in die Dekoration. Wenn die Nachtbeleuchtung aber in der Nähe des Überlaufes angebracht wird, ist die Wahrscheinlichkeit groß, dass der Ablaichvorgang im schwachen Lichtkegel direkt vor dem Überlauf stattfindet. Viele Eier

Absenken des Auffangkastens in den Ablaufschacht

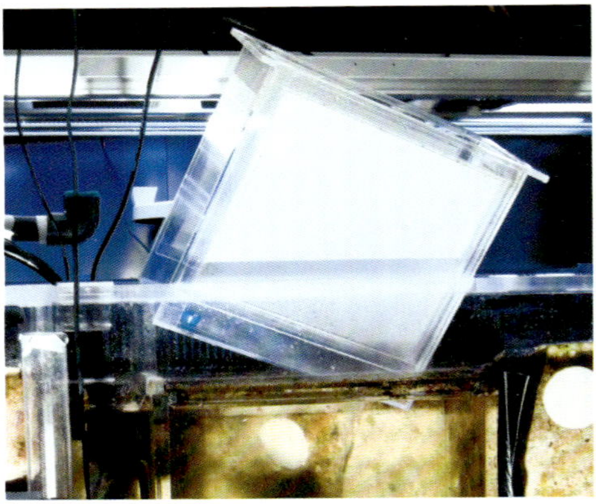

und Samen werden somit in den Auffangkasten gespült. In den allmorgendlich kontrollierten Auffangkästen finden sich neben dem Laich der Leierfische auch alle anderen Laichprodukte, so z. B. die Eier von Zwergkaisern, Garnelenlarven und viele andere Arten.

Der Larvenquirl

Die aufgefangenen Eier können zur weiteren Entwicklung bei schwacher Belüftung in einen kleinen Eimer gegeben werden. Bei manchen wird es dann zu einer Entwicklung bis zur Larve kommen. Die meisten aber sterben ab, da sie einen zu langen Kontakt mit der Wasseroberfläche oder den Behälterwänden nicht gut vertragen. Die Eier und Larven entwickeln sich am besten, wenn sie frei im Wasser schweben und keinen dauernden Kontakt mit Boden, Wänden oder der Wasseroberfläche haben. Das versuchte ich zunächst mit einer Durchlüftung mit groben Luftblasen zu erreichen, doch dabei entwickelten sich ebenfalls nur sehr wenige Larven, denn dies erzeugt nur eine vertikale Strömung, die Eier und Larven früher oder später immer an die Oberfläche und an den Rand des Gefäßes transportiert, wo dann die meisten hängen bleiben. Nach vielen Versuchen mit unterschiedlichen Belüftungsmethoden, die alle kein befriedigendes Ergebnis brachten, entwickelte ich einen kleinen Larvenquirl. Mit einem kleinen Plastikpropeller aus dem Flugzeugmodellbau und einem langsam drehenden Motor (z. B. von der Modellbaufirma Faller) konnte ich eine horizontale Zirkulation erzeugen, die die Eier und die sich daraus entwickelnden Larven in der Schwebe hält, ohne sie, wie bei der Luftzirkulation unvermeidbar, immer an den oberen Rand zu spülen. Dieser „Larvenquirl" verhindert bei richtig eingestellter Drehzahl weitgehend das Hängen- und Klebenbleiben des Laichs. Der Quirl hält die Eier und die sich entwickelnden Larven dauerhaft in einer schwebenden Kreisbewegung. So kann ich möglichst viele Fischlarven über die ersten kritischen Tage bringen.

Larvenquirl im Auffangkasten

Der Larvenquirl besteht aus einem 30 cm langen Plexiglasrohr mit 12 cm Durchmesser. Das Rohr hat einen geschlossenen Boden und im unteren Drittel drei 4 x 6 cm große Fenster, die mit einer feinen Gaze (150 µm Maschenweite) abgedeckt sind. Die Gaze ermöglicht gegenüber der einfachen Eimermethode einen kontinuierlichen Wasseraustausch. Das Rohr passt in den Auffangkasten des Ablaufschachts im Aquarium und wird dort nach Einfüllen der Eier für die nächsten 96 Stunden verbleiben. Der weiter oben beschriebene Propeller mit Motor kommt natürlich auch bei diesem Rohr zum Einsatz. Die ganze Einrichtung ist sehr platzsparend und stört nicht die ästhetische Wirkung des Aquariums. Der weiterhin einsetzbare Auffangkasten beschert mir unter Umständen auch in den Folgetagen noch weitere Eier derselben und weiterer Fischarten. Ein weiterer, großer Vorteil liegt in der gleich bleibenden Wasserqualität, denn das Rohr befindet sich ja im ursprünglichen Aquarium. Bei der täglichen Kontrolle wird es vorsichtig aus dem Ablaufschacht gezogen, und die am Gazesieb klebenden Larven werden möglichst rasch mit einem feinen Wasserstrahl aus einer Spritze in den unteren, geschlossenen Rohrabschnitt abgespült, damit sie keinen zu langen Luftkontakt haben. Dann kann man den Entwicklungsstand überprüfen. Nach 24 Stunden ist erkennbar, dass die glasig durchscheinenden Embryonen schon kleine Schwänzchen haben und erste eigene Fortbewegung zeigen. Nach weiteren 24 Stunden sind daraus schon gut erkennbare Fischlarven geworden, die etwas hochrückig erscheinen, zwei kleine Höcker besitzen und schon leicht graugrün sind. Nach 72 Stunden – vom Ablaichzeitpunkt gerechnet – schwimmen die Larven schon zielgerichtet umher und haben eine leicht bräunliche Farbe. Trotzdem ist es besser, sie noch 24 Stunden im Larvenquirl zu lassen, denn sie fressen ohnehin noch nichts. Nach insgesamt 96 Stunden ist die Entwicklung im Quirl abgeschlossen, und die kleinen Larven müssen in ein Aufzuchtbecken überführt werden.

Larvenquirle der Firma Schuran, mit abnehmbarem Antriebselement

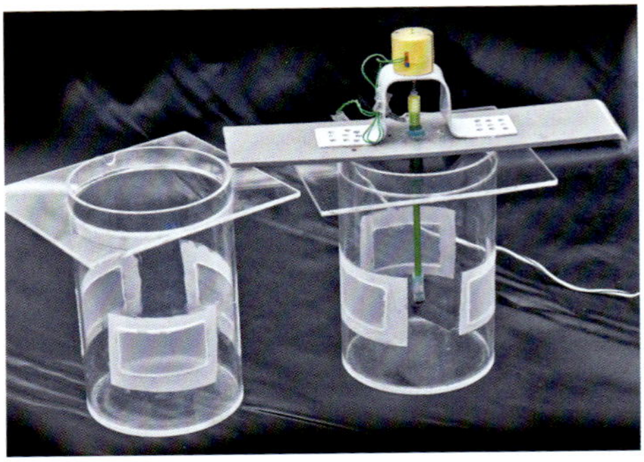

Larvenquirl im Auffangkasten

Aufzuchtaquarium für die weitere Entwicklung

Für fast alle Fischbrutaufzuchten eignen sich 20–30 l fassende Glas- oder Acrylaquarien, denn sie reichen für die nächsten 20–30 Tage völlig aus. Solche Kleinaquarien sind praktisch, weil man sie im Waschbecken unter einem heißen Wasserstrahl gründlich reinigen kann. Das sollte man bei jedem Neuansatz auch unbedingt tun, denn in den ersten Lebenstagen der Fischlarven ist wegen des notwendigen Phytoplanktons keine wirklich effiziente Reinigung mehr möglich, und bakterielle

Infektionen treten trotz einer gewissen Bakterien vermindernden Wirkung des Phytoplanktons gelegentlich auf.

Die Aufzuchtbecken müssen eine gleich bleibende Temperatur von 25–28 °C haben. Entweder stehen alle Becken in einem entsprechend beheizten Raum, oder es ist eine individuelle Beheizung aller Aquarien nötig. Bei einzeln beheizten Becken bewähren sich Heizmatten aus der Aquaristik oder Terraristik, die man unter das Becken legt, denn sie haben den Vorteil der gleichmäßigeren Wärmeverteilung. Heizstäbe innerhalb des Beckens sind weniger geeignet, denn damit erreicht man extreme Wärmeunterschiede innerhalb des Behälters. Darüber hinaus ist die Gefahr des Glasbruchs sehr groß, weil zu Beginn teilweise mit sehr geringen Wasserhöhen von wenigen Zentimetern gearbeitet wird.

Pterosynchiropus-splendidus-Larve im Alter von 48 Stunden

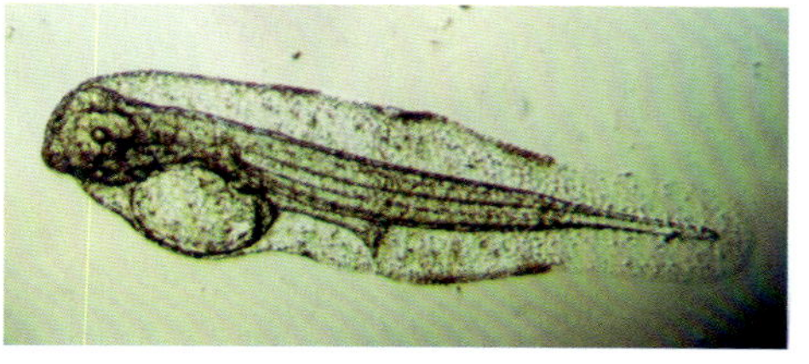

Pterosynchiropus-splendidus-Larve im Alter von 72 Stunden

Zur angenehmen Temperatur brauchen die Fischlarven auch noch eine leichte Wasserbewegung. Die einfachste und ungefährlichste Möglichkeit dazu ist es, aus einem dünnen Luftschlauch grobe Luftblasen aufsteigen zu lassen. Feine Luftbläschen, wie sie mit einem Ausströmerstein erzeugt werden können, sind nicht gut geeignet, denn beim Zerplatzen der vielen Luftbläschen werden Wassertröpfchen oberhalb des Wasserspiegels auf die Beckenwände gespritzt. Dabei entstehen schnell Salzkrusten, was den Salzgehalt im Aufzuchtbecken über die normale Verdunstung hinaus noch weiter schwanken lässt. In einem kleinen Aufzuchtbecken mit wenigen Litern Inhalt und fehlendem Wasseraustausch mit dem Hauptbecken müssen wir den Salzgehalt täglich kontrollieren und erforderlichenfalls korrigieren.

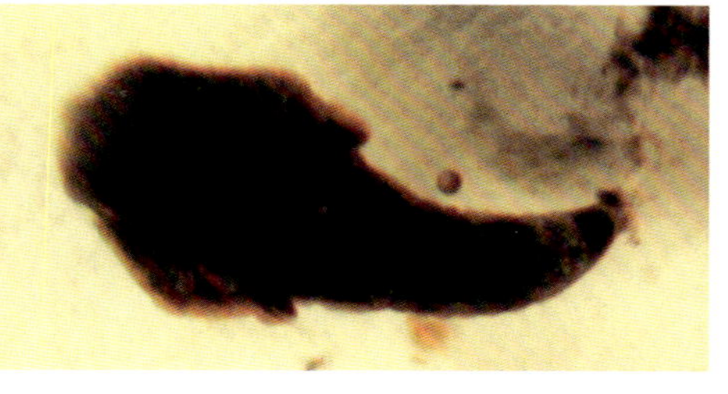

Pterosynchiropus-splendidus-Larve im Alter von zehn Tagen

Für die ersten Lebenstage ist Phytoplankton im Aufzuchtbecken absolut unverzichtbar. Ich verwende als Startkultur auf 5 l Aquarienwasser 1 l *Nannochloropsis salina* und 0,2 l *Isochrysis galbana* aus frischen, sattgrünen Algenkulturen. Die Wasserqualität wird im ungefilterten Aufzuchtbecken durch die Algen relativ stabil gehalten. Stellt man das Wasser nicht zu grün ein, wird auch der pH-Wert im Tagesverlauf nur geringfügig schwanken. Als Anhaltspunkt für die notwendige Menge der Algen im Aufzuchtwasser richte ich mich nach der Sichttiefe, die zwischen 10 und 15 cm liegen sollte. Das bedeu-

Pterosynchiropus-splendidus-Jungfische neben einem sechs Wochen alten Mirakelbarsch (*Calloplesiops altivelis*)

tet, durch die Frontscheibe betrachtet sollte ein ins Wasser gehaltener Gegenstand 10–15 cm hinter der Scheibe im grünen Wasser unsichtbar werden. Mit der vorgegebenen Wassermenge von 6–7 l plus vielleicht 2 l Wasser, das mit den Fischlarven dazukommt, lässt sich in einem 25 l fassenden Aufzuchtbecken natürlich nur eine Wasserhöhe von 6–8 cm erreichen. Mehr ist aber für die ersten Tage auch gar nicht nötig. So kann ich bei richtig eingestellter Algenmenge von oben noch gut den Beckenboden sehen und die Larven besser beobachten. Die 96 Stunden alten Larven haben jetzt ihren Dottersack aufgebraucht und benötigen dringend Futter.

Artemien in bester Platinumqualität – auch frisch geschlüpfte – sowie ausgewachsene *Brachionus* scheiden wegen ihrer Größe in den ersten zehn Tagen natürlich aus. Für die ersten Tage kommt nur Zooplankton in einer Größe bis 140 µm in Frage. Die Larven bewegen sich in den ersten zehn Tagen frei im Wasser und nehmen somit am liebsten schwimmende Nahrung auf. Auf unter 140 µm ausgesiebte *Brachionus*- und Copepodenlarven sind am besten dafür geeignet. Bei allen Versuchen, die ich in den letzten Jahren unternommen habe, hatte ich die besten Erfolge, wenn sich auch kleine auf dem Boden lebende wurmartige, rote Wimpertierchen in den Futterkulturen zeigten. War allerdings das Wimpertierchen *Euplotes* in größeren Mengen

Pterosynchiropus-picturatus-Larve in der vierten Woche, daneben eine Artemia-Nauplie

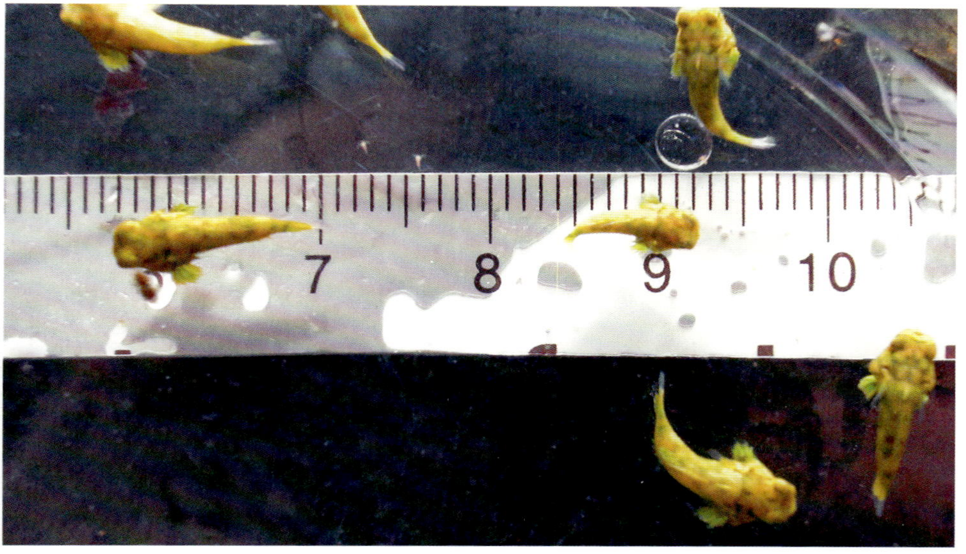

Pterosynchiropus-picturatus-Jungfische im Alter von acht Wochen

vorhanden, kamen nur wenige Larven durch. *Euplotes* tritt immer dann in Massen auf, wenn das Wasser stark belastet ist und sich Bakterien im Übermaß entwickeln.

Von der Fischlarve zum Jungfisch

Innerhalb von 96 Stunden entwickelt sich aus einem Ei eine kleine Fischlarve, die dann schon gezielt durchs Wasser zieht und nach Futter sucht. Sie ist dunkelbraun, etwa 0,8 mm lang und im leicht grünen Phytoplanktonwasser von oben durch die Wasseroberfläche gut zu sehen. Haben die Larven die ersten acht Tage überstanden, hat man gute Voraussetzungen für eine erfolgreiche Aufzucht. Nun ist es eigentlich nur noch eine Frage des richtigen Futters und einer umsichtigen und regelmäßigen Reinigung des Aufzuchtbehälters.

Stereolupe (links) und Durchlichtmikroskop (rechts) sind wichtige Hilfsmittel für die Aufzucht von Korallenfischlarven.

Nach etwa 14–18 Tagen geben sie das Freischwimmen auf und gehen zum Bodenleben über. Dann kann man auch das Wasser aufklaren lassen und eine leichte Filterung an das Becken anschließen. Dabei ist natürlich auf einen feinmaschigen Ablauf zu achten, damit nicht doch ein versehentlich aufsteigender Jungfisch in den Oberflächenablauf gerät. Normalerweise bleiben die Jungfische aber am Boden, wo sie gut als kleine, braune „Würmchen" zu erkennen sind. In Bodennähe finden

Planktonbecken des Autors zur Zucht von *Nannochloropsis*-Algen

sie auch das passende Futter, in der Hauptsache angereicherte Artemien (siehe unten), die täglich frisch und kurz im Kühlschrank abgekühlt verfüttert werden sollten. Abgekühlt deshalb, weil sie dadurch kurzzeitig in ihrer Bewegung eingeschränkt sind, einige Zeit in Bodennähe bleiben und somit von den Kleinen leichter aufgenommen werden können.

Die nicht gefressenen Artemien müssen aber auch täglich wieder entfernt werden. Copepoden können ebenfalls zugefüttert werden und stellen das beste Futter dar. Allerdings sollte in den ersten drei Wochen darauf geachtet werden, dass sich keine ausgewachsenen Copepoden über die Fischlarven hermachen. Deshalb müssen zu große Copepoden und eventuell eingeschleppte Ruderfußkrebse, die ohnehin noch nicht gefressen werden können, nach Möglichkeit entfernt oder zumindest stark dezimiert werden.

Die Fischlarven bekommen dann ab der vierten Lebenswoche allmählich das Farbkleid der Alttiere. Zunächst ist das typische Muster als unregelmäßige Punkt- und Wellenzeichnung noch auf braunem Grund zu sehen. Die Jungfische sind zu diesem Zeitpunkt bei richtiger Ernährung in der Regel 5–6 mm lang.

In den kommenden Wochen weicht die braune Grundfarbe dem grünlichen Grundton des LSD-Fischs oder dem bläulichen Grundton des Mandarinfischs bzw. der Ausfärbung der sonstigen Arten. Mit acht Wochen messen die Jungen dann schon 10–12 mm, und der Speiseplan wird durch gefrorene Bosmiden, Lobstereier und Zyklops erweitert. Bei einer Größe von etwa 2 cm werden die Jungfische in ein normales Aquarium umgesetzt, wo sie dank einer umsichtigen Aufzucht viel leichter ans Futter gehen und vor allem sofort Frostfutter annehmen, womit sie jedem Wildfang weit überlegen sind.

Nahrung

Algenkulturen

Nannochloropsis salina und *Isochrysis galbana* sind die wichtigsten und am meisten verwendeten Algen bei der Zucht von Meerwasserfischen. Diese beiden Algensorten ergänzen sich hervorragend, um eine gleichmäßige Versorgung mit den wichtigen Omega-3-Fettsäuren zu gewährleisten. Ohne *Nannochloropsis* geht es nach meinen Erkenntnissen gar nicht, ohne *Isochrysis* hingegen schon, wenngleich die Anzahl der überlebenden Jungfische dann nicht sonderlich hoch ist. Da aber die dauerhafte Kultivierung von *Isochrysis*-Algen viel schwieriger ist als die von *Nannochloropsis*, will ich diese Möglichkeit erwähnen, um dem Hobbyaquarianer die Sache zu erleichtern. Man könnte statt *Isochrysis* auch *Chlorella* oder *Tetraselmis* einsetzen, aber die sind ebenfalls problematisch, was ihre Haltung und Vermehrung betrifft.

Nannochloropsis in Reinkultur hat offensichtlich auch die Eigenschaft, hemmend auf Bakterien und Pilze zu wirken. *Isochrysis* aber bewirkt das genaue Gegenteil, und schon deshalb darf sie den *Nannochloropsis*-Phytoplanktern nur im Verhältnis 1:5 bis 1:10 beigemischt werden. Die Bakterienanfälligkeit ist schon bei der Reinkultur von *Isochrysis* ein Problem, und damit ist natürlich auch die Möglichkeit der Krankheitsübertragung auf die Fischlarven gegeben. Auch durch übermäßige Düngung von *Isochrysis*, z. B. mit F2 (einem sonst hervorragenden Trockengemisch aus Salzen und Spurenelementen), kann es zu einer Bakterienblüte kommen.

Planktonreaktoren

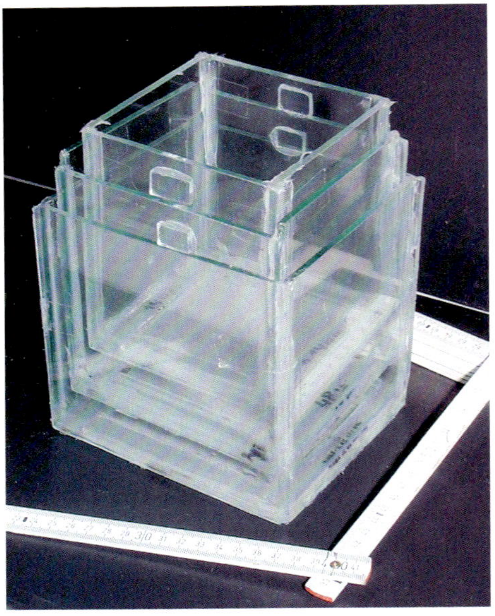

Planktonsieb-Satz mit Maschenweiten von 28, 48 und 140 µm

Eine Düngung der Algen ist nicht unbedingt erforderlich, und eine Überdüngung ist schnell geschehen und wirkt sich auf unsere Algenkulturen sehr negativ aus. Überdüngte Algen sind außerdem auch Gift für die Fischlarven. Wenn man ohne Dünger arbeitet, muss man nur einige Tage länger Geduld haben, um eine ausreichend grüne Algenkultur zu erhalten. Ich nehme deshalb zum Ansetzen und Auffüllen das Wasser aus meiner Fischzuchtanlage. Das gebrauchte Aquarienwasser wird allerdings vor der Verwendung im Algenbecken über einen Kohlefilter gereinigt und über eine starke UV-Lampe keimfrei gemacht. In diesem Wasser aus der Fischzuchtanlage sind ausreichend Nitrat und Phosphat als Algennahrung vorhanden. Eisen und andere Spurenelemente werden natürlich nicht mehr in ausreichenden Mengen da sein, aber das habe ich bisher nicht als Nachteil empfunden. Jedenfalls habe ich mit dieser Methode noch nie den Fischlarven geschadet, mit leicht überdosiertem F2-Dünger hingegen schon, selbst noch nach einer Wartezeit von mehreren Tagen.

Alle Algen benötigen eine relativ starke Beleuchtung mit Leuchtstoffröhren. Die Beleuchtungsdauer sollte 12–14 Stunden pro Tag nicht

Ansaugrohre mit Planktonsieben unterschiedlicher Maschenweite

übersteigen. Bei meinen Algenkulturen hat sich eine Beleuchtungszeit von zehn Stunden bei zwei Stunden Pause als sehr günstig erwiesen. So kann ich innerhalb eines 24-Stundentages zwei Beleuchtungszyklen fahren und dadurch die Algen zu optimalem Wachstum anregen. Die zwei Stunden Beleuchtungspause sind für die Zellteilung sehr wichtig. Eine 24-stündige Dauerbeleuchtung ist also gar nicht so günstig.

Ansaugrohr und Planktonsieb im Einsatz im Planktonkulturbecken

Einen Zuchtansatz *Nannochloropsis* bekommt man inzwischen in vielen Meerwasseraquaristik-Fachgeschäften. Auch über das Internet kann man sich kleine Mengen bestellen. Solche Algenkulturen sind aber fast immer mit Bakterien oder Pilzen kontaminiert, was das Zuchtergebnis bei den Fischlarven stark beeinträchtigen kann. Saubere Algenkulturen, frei von Krankheitskeimen, bekommt man beim Albrecht-von-Haller-Institut der Universität Göttingen. Diese werden in Reagenzröhrchen geliefert. Die Algen müssen zuerst in einem 150-ml-Erlenmeyerkolben vorsichtig vermehrt werden. Die Algenkultur wird dann langsam „hochgefahren", indem ein Zuchtansatz von beispielsweise 100 ml auf 0,5 l frisches Seewasser angesetzt wird. Die Kultivierung klappt am besten in Glasbehältern mit leicht blubbernder Belüftung. Auch hier gilt, möglichst grobe Luftblasen zu erzeugen, um eine Salzkrustenbildung zu vermeiden. Die Luftblasen selbst dienen auch nicht zur eigentlichen Belüftung, sondern mehr zur Erzeugung einer Wasserbewegung. Die Größe des Behälters ist dabei nicht entscheidend. Wenn das Phytoplankton sich entsprechend vermehrt und eine sattgrüne Farbe erreicht hat, kann die Algenkultur alle 3–4 Tage mit frischem Meerwasser bis auf ca. 20 l vergrößert werden. Je nachdem, wie viele Aufzuchtbecken man betreiben will, sollte man immer einen entsprechenden Algenvorrat haben. Wird häufig Phytoplankton benötigt und die Kultur regelmäßig aufgefrischt, funktioniert sie am besten und ist sehr ergiebig. Ich selbst betreibe z. B. für die Kultivierung nur drei 25 l fassende Kleinaquarien und kann damit in 15 Aufzuchtbecken für die Fischlarven ständig die notwendige Phytoplanktondichte halten.

Es besteht immer die Gefahr, dass eine Algenkultur durch *Brachionus* kontaminiert und innerhalb weniger Tage vernichtet wird. Darum sollten die Algenkulturen immer weit entfernt von Zooplanktonkulturen

Neosynchiropus stellatus beim Paarungsaufstieg, rechts Kopfporträt
2 Fotos: D. Schauer

stehen. Trotzdem wird man natürlich nicht jeden Kontakt ausschließen können, sei es, dass man versehentlich denselben Schlauch zum Absaugen oder denselben auch noch so gut gereinigten Becher zum Einfüllen verwendet. Irgendwann trifft es jeden, und die schöne, grüne Algenkultur wird graugelb und dann sogar fast klar. Um dann eine neue Kultur ansetzen zu können, sollte man eine gut verschlossene Reservekultur im Kühlschrank haben oder in einer Kultur durch einen doppelt erhöhten Salzgehalt die Vermehrung von *Brachionus* verhindern. Eine kontaminierte Algenkultur kann auch gerettet werden, indem man sie durch ein Planktonsieb mit 5 µm Maschenweite laufen lässt und alle größeren Partikel aussiebt. Dieser Vorgang sollte nach einigen Tagen wiederholt werden, um auch wirklich alle *Brachionus* zu erwischen.

Wer sich an die Kultivierung von *Isochrysis* wagt, muss aber noch einiges mehr beachten. Diese Algen sind, wie gesagt, sehr empfindlich gegen einen Bakterienbefall. Eine Belüftung kann ich bei diesen Algen nicht empfehlen, weil auch über die Luft leicht Bakterien eingetragen werden. Ein Planktonreaktor nach Quirbach zeigt die besten Resultate, denn dabei werden die Algen durch ein Magnetrührwerk bewegt. Luft sollte nicht eingeleitet werden, bestenfalls kann man eine leichte CO_2-Düngung vornehmen. Aber Vorsicht: Bei einer zu starken Düngung kommt es zu einer radikalen pH-Wert-Absenkung, und die Algen sterben schlagartig ab.

Neosynchiropus stellatus, Weibchen
Foto: E. Thaler

Tetraselmis-Phytoplankter

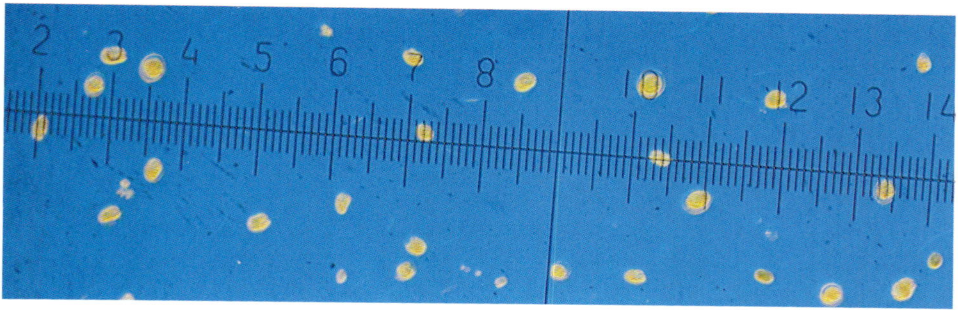

Phytoplankter *Tetraselmis chuii*

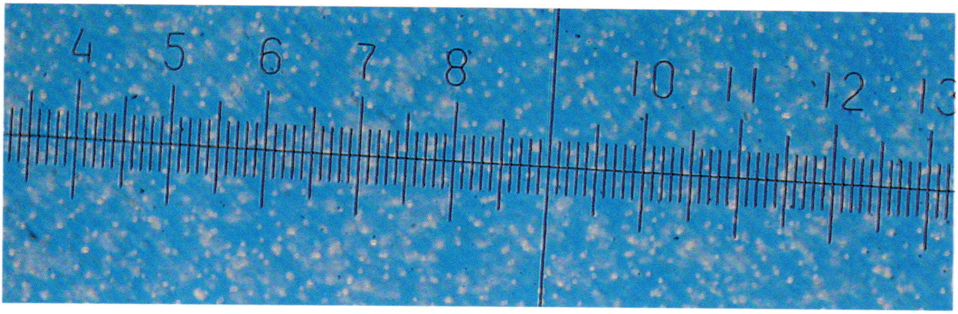

Nannochloropsis-Phytoplankter

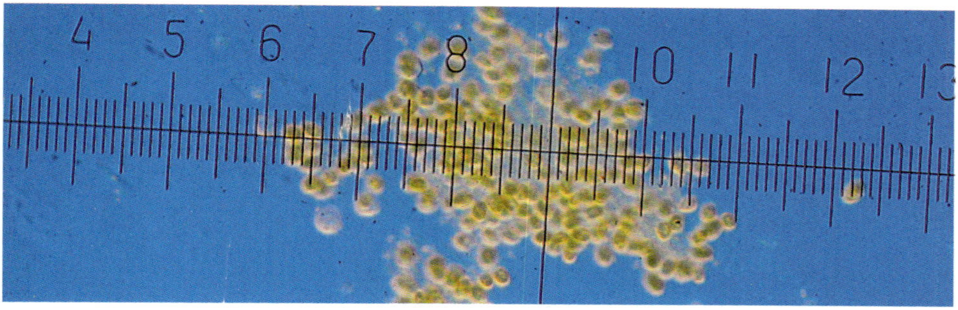

Isochrysis-Phytoplankter

Ernährung der Fischlarven

Zur Ernährung mariner Lebewesen sind neben den normalen Fetten, Kohlehydraten usw. vor allem bestimmte Omega-3-Fettsäuren wichtig, weitaus mehr als im Lebensraum Süßwasser. EHA (Eicosahexaaccin) und DHA (Docosahexaaccin) sind aus der Meerwasserzucht nicht wegzudenken, und die genauen Mengenanteile im Aufzuchtfutter geben immer wieder Anlass zu Verunsicherung und zu langen Diskussionen. In den verschiedenen Phytoplanktonarten sind diese Omega-3-Fettsäuren in unterschiedlichen Zusammensetzungen und Konzentrationen vorhanden. Da sich die Larven der Leierfische in den ersten Tagen nur von kleinsten Copepodenlarven und Wimpertierchen ernähren können, ist diese Zeit meist leicht zu überstehen, denn dieses Zooplankton nimmt neben den Algen auch jede Menge Detritus vom Boden auf, der dann bei der Verdauung in wichtige Enzyme und weitere Fettsäuren umgesetzt und damit für die Fischlarven verfügbar wird. Werden einige Tage später *Brachionus* als Futtertiere verwendet, müssen diese zuvor durch ein gutes Zusatzfutter angereichert werden, um eine weiterhin vollwertige Ernährung der Fischlarven sicherzustellen. *Brachionus* frisst in der Regel keinen Detrius vom Boden, und bei reiner Algenfütterung ist sein Nährwert nicht optimal.

Zooplankton

Wer sich mit der Nachzucht von Leierfischen beschäftigen möchte, wird neben einer gut funktionierenden Algenkultur natürlich auch eine umfangreiche und ebenfalls gut funktionierende Zooplanktonkultur mit kleinsten Copepodenlarven und Wimpertierchen pflegen müssen. *Brachionus* und Artemien sind erst mit zunehmendem Wachstum der Fischlarven einsetzbar.

Copepoden und Wimpertierchen

Das „Rote Würmchen“, ein Wimpertierchen, das in der Aufzucht von Leierfischlarven vorteilhaft ist

Wimpertierchen und benthisch lebende Copepoden findet man in jedem eingefahrenen Riffaquarium, so dass man keine Kultur kaufen muss. Das Absaugen und das Selektieren sind allerdings etwas Übungssache. Ein Mikroskop bzw. eine Stereolupe mit 40–80facher Vergrößerung sind dabei unerlässlich.

Die Vermehrung der Copepoden und Wimpertierchen auf brauchbare Populationsgrößen, die auch zum Verfüttern an Fischlarven ausreichen, verlangt sehr viel Fingerspitzengefühl. Bei ihrer Haltung in Algenkulturen besteht kaum ein Risiko, dass die Kultur kippt, doch die Vermehrungsrate ist bei reiner Algenfütterung nicht ausreichend. Man muss schon zu besserem, nahrhafterem Futter greifen, um ausreichende Mengen dieses Mini-Zooplanktons zu züchten, doch genau hier beginnen die Probleme. Reicht man der Copepoden- oder Wimpertierchenzucht nur geringe Mengen Zusatzfutter, ist die Vermehrung ungenügend. Gibt man zu viel, zeigen sich sofort Bakterien, was für uns bei eingeschränkten mikroskopischen Mitteln an einer Vermehrung von *Euplotes* sichtbar wird. *Euplotes* zählt zwar auch zu den Wimpertierchen, aber eben zu den unerwünschten, die von allen von mir bisher gezüchteten Fischlarvenarten verschmäht werden. Darum könnte man sagen, man wird entweder zum Fischzüchter oder zum Copepodenzüchter. Dem Fischzüchter wird es stets an den „richtigen" Copepoden mangeln, und selbst einem in der Copepodenzucht erfahrenen Wissenschaftler wird es kaum gelingen, jene Arten zur rechten Zeit in ausreichender Menge verfügbar zu haben, die für bestimmte Fischlarven benötigt sind. Es werden noch viel Arbeit und Erfahrungsaustausch zwischen den Züchtern nötig sein, um hier Verbesserungen zu erreichen und eine regelrechte Massenzucht auf die Beine zu stellen.

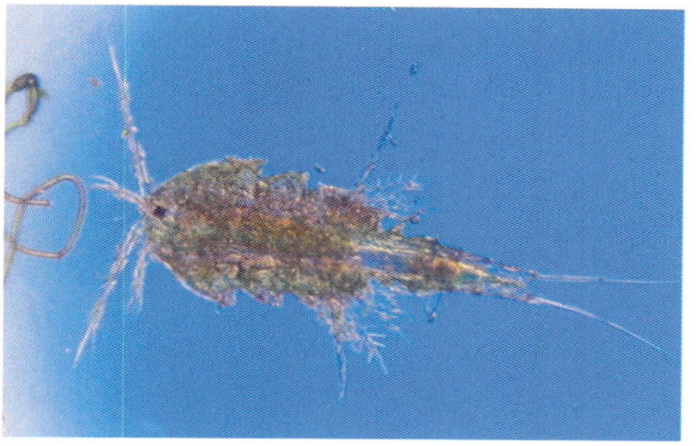

Ausgewachsener Copepode

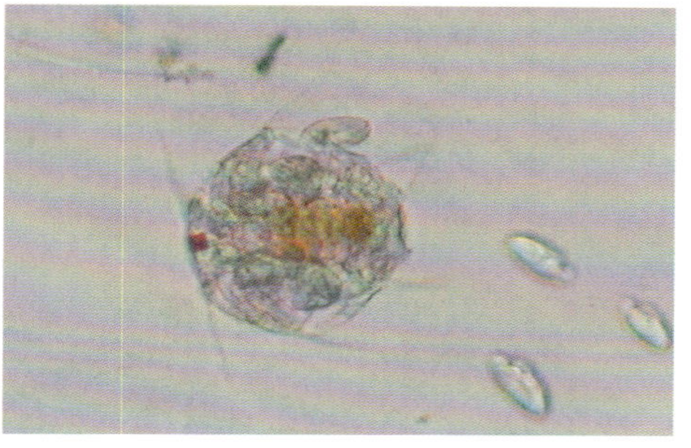

Copepodenlarve, die richtige Nahrung für Leierfischlarven

Neosynchiropus stellatus, Männchen
Foto: E. Thaler

Pterosynchiropus picturatus
Foto: E. Thaler

Nach meinen bisherigen Erfahrungen kann ich daher nur eine Mischkultur von Copepoden und *Brachionus* empfehlen. Die Copepoden fressen alle sich auf dem Boden sammelnden Reste einschließlich verendeter *Brachionus* und vermehren sich dabei recht gut. Alle Versuche, mit groben Filterschwämmen oder ähnlichen Utensilien die Besiedlungsoberfläche für die Copepoden zu vergrößern, brachten bei mir keinen dauerhaften Erfolg. Es hilft nur, Fläche zu schaffen, in Form mehrerer kleiner Aquarien mit niedrigem Wasserstand, speziell für das Zooplankton. Die Copepoden können neben regelmäßigen Phytoplanktongaben auch mit einigen Flocken Trockenfutter aufgewertet und angereichert werden. Aber denken Sie daran: Ein konstanter Salzgehalt ist ein wichtiger Faktor, der in kleinen, nicht in den Aquarienkreislauf integrierten Becken viel zu selten überprüft und nachgeregelt wird.

Frei schwimmende Copepoden

Copepoden aus dem Freiwasser wären sicher das ideale Futter für viele Fischlarven, z. B. die Gattung *Eurytemora*, deren Vertreter im kalten Brackwasser leben. Ihre Vermehrungsrate ist jedoch bei weitem nicht ausreichend, um mit diesen Tierchen regelmäßig seine Fischlarven zu versorgen. Es sind ohnehin diverse Braunalgen wie *Pavlova*, *Thallassiosiea*

Ist der Leierfisch-Nachwuchs erst so groß wie diese acht Wochen alten *Pterosynchiropus picturatus*, dann fressen sie bereits Artemianauplien, doch im Larvenstadium werden kleinere Beutetiere benötigt.

oder *Rhodomonas* u. a. nötig, um überhaupt eine Zucht aufzubauen. Diese Algen wiederum müssen regelmäßig zugekauft werden, weil sie sich mit den beschränkten Mitteln eines Hobbyfischzüchters nicht dauerhaft in ausreichender Menge vermehren lassen.

In letzter Zeit werden auch immer häufiger für viel Geld Acartiaeier angeboten. Diese ebenfalls frei schwimmenden Copepoden schlüpfen wie Artemien aus „Eiern“. Mit den Nauplien könnte man dann theoretisch einen Zuchtstamm aufbauen und hätte das ideale Futter. Das ist Theorie und im Laborversuch sicher machbar. Aber auch hier sind für das Wachstum und die Vermehrung Braunalgen nötig, die immer wieder für teures Geld zugekauft werden müssen. Die Kosten für die Acartiazysten und die notwendigen Futteralgen stehen nach meiner persönlichen Überzeugung in keinem Verhältnis zum Nutzen.

Abgesehen davon hat noch kein Züchter mit dieser immens teuren Futtervariante einen verbesserten Zuchterfolg nachweisen können. Natürlich sollten sich einige Spezialisten mit neuen Futtermitteln befassen und alles Denkbare ausprobieren. Der ganz normale Hobbyaquarianer und Hobbyzüchter ist damit aber sicherlich überfordert und zahlt nur unnötiges Lehrgeld. Selbst größere Fischfarmen und Züchtereien tun sich mit der Vermehrung frei schwimmender Copepoden schwer. Die erfolgreiche Nachzucht von Zwergkaisern wurde zwar mit solchen Krebschen durchgeführt, aber diese wurden frisch im Meer geerntet und nicht gezüchtet. Daher sollte man sich besser auf die bewährten *Brachionus*, benthisch lebende Copepoden und Artemien beschränken und mehr Wert auf eine verbesserte Anreicherung dieser Futtertiere legen. Auch das kostet schon genug Geld, aber damit lassen sich viele Fischarten nachziehen und ausreichend ernähren.

Brachionus

Zuchtansätze für *Brachionus*-Kulturen kann man schon bei vielen Fachhändlern kaufen oder bei Internetgeschäften bestellen. Gelegentlich findet sich auch der eine oder andere Aquarianer mit Zuchtambitionen, der bereit ist, einen Zuchtansatz abzugeben. Theoretisch kann man *Brachionus* mit Hefe ernähren und innerhalb kürzester Zeit zu einer riesigen Kultur heranfüttern. Davon ist jedoch abzuraten, denn zum einen ist die Gefahr einer bakteriellen Überbelastung, die zum Absterben aller *Brachionus* führt, riesengroß. Und zum anderen sind mit Hefe ernährte *Brachionus* für die Verfütterung an Fischlarven wegen fehlender Omega-3-Fettsäuren nicht geeignet.

Brachionus kann man am besten in den für Phytoplankton schon beschriebenen 20–25 l fassenden Kleinaquarien züchten. Licht, frisches Wasser mit ausreichender Phytoplankton-Dichte und eine leichte, grobperlige Durchlüftung sind natürlich auch hier lebenswichtig. Zwei solcher 25-l-Behälter reichen selbst für größere Zuchtvorhaben vollkommen aus. Ein Behälter wird einige Tage lang beerntet, während im anderen eine andere Kultur ungestört heranwachsen kann. Nachdem man von dieser einen Zuchtansatz entnommen hat, wird sie für

Pterosynchiropus splendidus, imponierendes Männchen stellt die Rückenflosse steil auf
Foto: E. Thaler

Pterosynchiropus splendidus beim Paarungsaufstieg
Foto: E. Thaler

die Beerntung freigegeben, der erste Behälter gereinigt, entleert und mit dem entnommenen Zuchtansatz neu angesetzt. Im dauernden Wechselspiel kann man so im 6–10-Tage-Rhythmus eigentlich nichts falsch machen. Wenn eines dieser Becken länger als zwei Wochen betrieben wird, ohne einen neuen Zuchtansatz zu erstellen und den Rest zu verwerfen, besteht die Gefahr, dass sich zu viele Bakterien (sichtbar an der Massenvermehrung von *Euplotes*) einfinden und die *Brachionus* unbrauchbar machen. Das Wasser fängt dann an zu riechen, und es werden Giftstoffe gebildet, die beim Verfüttern der *Brachionus* unsere Fischlarven schädigen können. Später wundert man sich dann über Farbfehler und Krüppelwuchs bei den Jungfischen und vermutet den Fehler wahrscheinlich an ganz anderer Stelle.

Es gibt mehrere Arten der Gattung *Brachionus*, in unterschiedlichen Größen. Natürlich sind kleinere *Brachionus* für unsere Fischlarven nötig. Neben der passenden Größe ist aber vor allem wichtig, dass die betreffende Art vermehrungsfreudig und unempfindlich ist. Der Salzgehalt beeinflusst ohnehin ganz enorm die Größe dieser Rädertierchen. Bei einem Salzgehalt von 1,013 (spezifisches Gewicht) haben sie fast die doppelte Größe wie bei 1,023. Kleine *Brachionus* zum direkten Verfüttern können Sie ja aber problemlos durch Aussieben mit diversen Planktonsieben erhalten. Deshalb sollte man sich nach einer stabilen, gesunden *Brachionus*-Kultur umsehen und nicht so sehr auf Größe oder genaue Art der Ausgangstiere achten. *Brachionus* werden erst nach der Anreicherung mit den entsprechenden Futterstoffen zu verwertbarer Larvennahrung. Ungefüttert und leer sind alle *Brachionus* gleich schlecht als Futter geeignet. Hochwertig angereichert dagegen sind sie alle ähnlich gute Nahrung für die Larven. Da *Brachionus* alles frisst, was eine mundgerechte Größe hat, erhält man auch richtig angereicherte Futtertiere mit hohem Nährwert, wenn man ihnen die adäquaten Futterstoffe gibt – Details zum Anreichern folgen unten.

Artemien

Es gibt entkapselte Artemien, also Artemiazysten ohne Schalen, und auch fertig mit Salz gemischte Artemiazysten. Beides ist für ernsthafte Zuchtversuche nicht brauchbar. Die einen schlüpfen nicht, die anderen sind zu teuer und auch vollkommen unsinnig, da wir als Meerwasseraquarianer ja ohnehin das geeignete Salzwasser zur Verfügung haben. Weiterhin gibt es billige und teure Artemiazysten. Die Preise liegen zwischen 28 und 180 € für eine 480-g-Dose.

Artemiazysten, Topqualitäten „Platinum“ der Firma Argent und „AF“ der Firma INVE

Für unsere Zwecke kommen eigentlich nur die Topqualitäten „Platinum“ der Firma Argent und „AF“ der Firma INVE in Frage, die allerdings ihren Preis haben. Beide bringen die kleinsten Artemia-Zysten hervor, und wenn die Krebschen direkt nach dem Schlupf verfüttert werden, weisen sie auch noch akzeptable Werte an Omega-3-Fettsäuren auf. Alles andere an „preisgünstigen“ Artemiazysten ist für einen Korallenfischzüchter bei genauerer Betrachtung rausgeschmissenes Geld. Qualitativ hochwertige Artemia-Zysten werden ausschließlich in der San Francisco Bay in den USA geerntet, mittlere Qualitäten kommen auch in anderen Gebieten der USA vor. Wegen des weltweit steigenden Bedarfs werden schon seit Jahren auch in Russland und China Artemien in Salzseen etabliert und erfolgreich geerntet. Für asiatische Gourmets mögen diese Artemianauplien ja reizvoll sein, aber eigentlich schmecken sie nur stark salzig. Da für diesen Zweck der Schlupfzeitpunkt wahrscheinlich keine Rolle spielt und auf EHA- und DHA-Gehalt keinen Wert gelegt wird, sollen die Feinschmecker sie auch ruhig verzehren und uns Korallenfischzüchtern die höherwertigen Nauplien überlassen. Wir sollten uns jedoch von einem niedrigen Preis nicht zum Kauf verleiten lassen, denn für die marine Fischzucht taugen keine Billigprodukte.

Leider ist die Ernte von Artemiazysten in den USA seit einigen Jahren stark rückläufig. Die Umweltzerstörung und die gravierenden Klimaveränderungen wirken sich in immer stärkerem Maß auch bei den Artemia-Populationen aus, was man besonders bei den hohen Qualitätsstufen merkt. Das führt zunehmend zu noch höheren Preisen und Eng-

Pterosynchiropus picturatus
Foto: E. Thaler

Pterosynchiropus-splendidus-Paar
Foto: E. Thaler

pässen. Auf der Interzoo 2008 waren z. B. bei der Firma Argent, einem wichtigen Lieferanten hochwertiger Artemiazysten, nur noch Restbestände der Platinumqualität aus dem Vorjahr zu bekommen, und die Firma INVE hatte auf der Messe überhaupt keine AF-Qualität anzubieten. Wir werden also noch sparsamer mit den übrig bleibenden Ressourcen umgehen müssen, um auch in Zukunft weiter züchten zu können.

Der größte Feind der Artemiazysten sind zu hohe Temperaturen und zu hohe Luftfeuchtigkeit. Sie können 3–4 Jahre gelagert werden, eingefroren sogar Jahrzehnte, ohne in der Schlupfqualität viel einzubüßen. Die Verpackung muss nur luftdicht schließen, und es darf keine Feuchtigkeit eindringen. Ich friere originalverpackte 500-g-Pakete wie auch die 480-g-Dosen komplett ein, wenn ich sie länger als sechs Monate lagern möchte. Bevor ich eine neue Packung anbreche, wird sie langsam über 24 Stunden aufgetaut. Erst bei angeglichener Raumtemperatur bin ich sicher, dass die Zysten beim Öffnen der Verpackung keine Feuchtigkeit ziehen. Die Packung wird dann sofort portionsweise in mehrere kleinere Behältnisse umgefüllt, und auch diese werden wieder luftdicht verschlossen. Zum Umfüllen eignen sich 30–50 ml fassende braune Glasfläschchen mit Kunststoffdeckel. Bei einem Hobbyaquarianer reichen 30 ml normalerweise 2–4 Wochen. Ich verbrauche den

Den Inhalt von Artemia-Großpackungen sollte man in kleinere Behälter umfüllen und einfrieren.

Artemianauplien schlüpfen am hygienischsten in Glasflaschen.

gesamten umgefüllten Inhalt einer 500-g-Packung innerhalb von zwei Monaten und friere die umgefüllten kleinen Gläschen natürlich nicht wieder ein. Hobbyzüchter mit sehr geringem Bedarf an Artemiazysten sollten aber auch die kleinen Gläschen wieder einfrieren, wenn sie länger als sechs Monate gelagert werden müssen.

Artemia-Schlupfmethoden

Es gibt in der Artemiazucht die aufregendsten Erfindungen zum Erbrüten der Nauplien, doch meiner Ansicht nach hat sich nur die Flaschenmethode bewährt, die ich seit fast 40 Jahren betreibe. Mit den immer wieder als „neueste Erfindung" angepriesenen Schlupfschalen oder dauerhaft ins Aquarium einzuhängenden Rohren, in die man täglich neue Zysten einfüllt, kann man natürlich auch Nauplien erzeugen, mit dem so zu erreichenden Schlupfergebnis wird man aber keine ernsthafte Meerwasserfischzucht betreiben können.

Artemiazysten werden am besten in Glas- oder PET-Flaschen von 0,7–1,5 l Volumen zum Schlupf gebracht. PET-Flaschen sind allerdings nicht so gut zu reinigen, und die anfangs klaren Flaschen werden allmählich trüb. Das zeigt auch, dass die Kunststoffoberfläche immer rauer wird und dadurch mehr Mikroorganismen haften bleiben können. Darum sind PET-Flaschen für mich nur zweite Wahl. Ich fülle eine 0,7-l-Glasflasche etwa zur Hälfte mit normalem Aquarienwasser aus dem laufenden Meerwasseraquarium, denn das spart uns umständliche Kontrollen von Salzgehalt und Temperatur. Je 0,5 l Wasser können 1,5 g Zysten eingefüllt werden oder besser gesagt 2 ml. Von der Firma Hobby (Dohse Aquaristik KG) gibt es 30-ml-Gläschen mit Artemiazysten, deren gefüllte Verschlusskappe genau den richtigen Inhalt für 0,5 l Wasser hat.

Artemien bester Qualität schlüpfen bei 27–28 °C, ausreichender Beleuchtung und viel blubbernder Luft nach 14–16 Stunden zu 95 %. Damit habe ich nahrhafte Nauplien, die ihr Geld wert sind. Nehme ich eine schlechte Artemia-Qualität, brauchen die Nauplien bis zum Schlupf 24–36 Stunden. Es schlüpfen vielleicht 80 %, aber über mehre Stunden verteilt. Wenn die letzten schlüpfen, haben die ersten bereits all ihre wertvolle Energie verbraucht und können nicht mehr als nahrhaftes Futter bezeichnet werden.

Wird nach dem Schlupf der Artemianauplien die Luftzufuhr abgeschaltet, sollten die leeren Schalen oben schwimmen und die Nauplien am Flaschenboden.

Ausgesiebte Artemien

Anreichern der Nahrung

Futterstoffe zum Anreichern und Aufwerten von Zooplankton

Als Grundnahrungsmittel und zur Wasserstabilisierung ist Phytoplankton in der Korallenfischzucht unverzichtbar. Zur weiteren Aufwertung sind Zusatzmittel aber überaus wichtig.

Artemien-Anreicherung

Das beste Futter zur Anreicherung lebender Artemien ist meiner Meinung nach das flüssige DHA-Selco von INVE. Es ist aber auch das Teuerste aller Anreicherungsprodukte. Durch die begrenzte Haltbarkeit, die selbst bei guter Kühlung nur wenige Monate beträgt, und die Gebindegröße von mindestens 0,5 l bei einem Preis von über 120 € (Stand Mai 2009) ist dieses Futter für Hobbyaquarianer fast unerschwinglich. Man kann sich aber durch eine Eigenmixtur, die alle paar Tage frisch hergestellt werden muss, auch selbst einen vollwertigen Anreicherungsbrei herstellen:

4 ml Eigelb von einem frischen Ei und der Inhalt von 2–3 Lachsölkapseln werden in ein kleines Gläschen gegeben und mit 5 ml kaltem Wasser vermischt. Mit einem Miniquirl (Milchaufschäumer) wird dann alles gut gemixt, so dass das Lachsöl mit dem Eigelb emulgiert. Dann werden 2 ml Vitamintropfen (z. B. Multisanostol) und 5 Tropfen Astaxanthin pur bzw. stattdessen 5 Tropfen der all dies enthaltenen Fertigmischung Lipovit von Tropic Marin zugegeben. Zusätzlich kann man in einem zweiten Gläschen noch 0,5 g (1/4 Teelöffel) Selco 3000 und 0,5 g Protein Selco (beides von INVE) mit 5 ml Wasser durchquirlen und beimischen.

Selco 3000 und Protein Selco sind als Trockengranulat erhältlich, wesentlich preisgünstiger und viel länger haltbar als die Flüssigprodukte

Artemianauplie, frisch geschlüpft

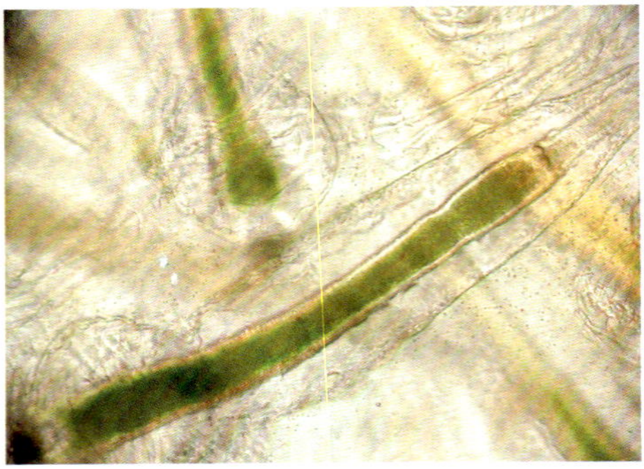

Artemianauplie, mit Phytoplankton angereichert

„Easy DHA Selco" und „Easy Super Selco", die meines Erachtens besten Mittel zur Anreicherung von Artemianauplien

von Selco. Mit dieser Eigenmixtur kann man ein dem DHA-Selco und dem Super-Selco fast gleichwertiges Anreicherungsfutter herstellen. Dies ist sicherlich umständlicher, aber nicht viel weniger effektiv. Allerdings muss diese Mischung spätestens alle 3–4 Tage neu hergestellt werden. Vor allem durch das Eigelb ist die Mischung bei längerer Lagerung schnell verdorben!

Zum Anreichern von Artemien gibt man einige Tropfen des DHA-Selco oder der selbst hergestellten Mixtur auf einen Liter des Wassers, in dem sich die geschlüpften, von den Schalen befreiten und mindestens 24 Stunden alten Artemien befinden. Die Flasche muss gut belüftet werden. Die Zahl der Tropfen, die für eine optimale Anreicherung beizumischen sind, muss jeder selbst herausfinden, denn sie ist abhängig von Anreicherungsdauer, Temperatur, Luftmenge und der Anzahl zu versorgender Nauplien. Nach 4–6 Stunden sind die Artemien bei 20–24 °C sicher sattgefressen und sollten verfüttert werden.

Die Flaschenanreicherung ist sicherlich die effizienteste Art der Futteraufwertung. Ich halte sie wegen der vielen schlecht einzuschätzenden Parameter aber auch für gefährlich. Gibt man zu viel Anreicherungsfutter zu den Artemien, ersticken diese recht schnell. Gibt man zu wenig Futter, sind sie nicht optimal angereichert und stellen kein vollwertiges Futter für unsere Fischlarven dar. Das ist wirklich nur etwas für Profis, die pünktlich nach 4–6 Stunden Anreicherung auch die Zeit haben, die Artemien zu entnehmen und zu verfüttern.
Dem Hobbyzüchter empfehle ich darum die Kühlschrank-Anreicherung in Petrischalen. Dabei werden die Artemien ausgesiebt und mit

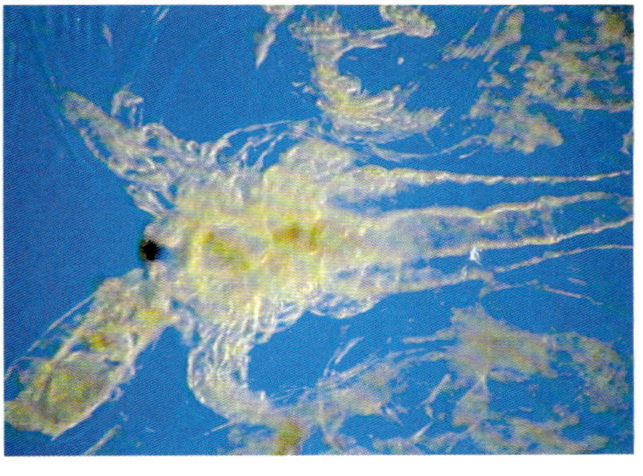

Artemianauplie, schlecht angereichert

Artemianauplie, mit Selco angereichert

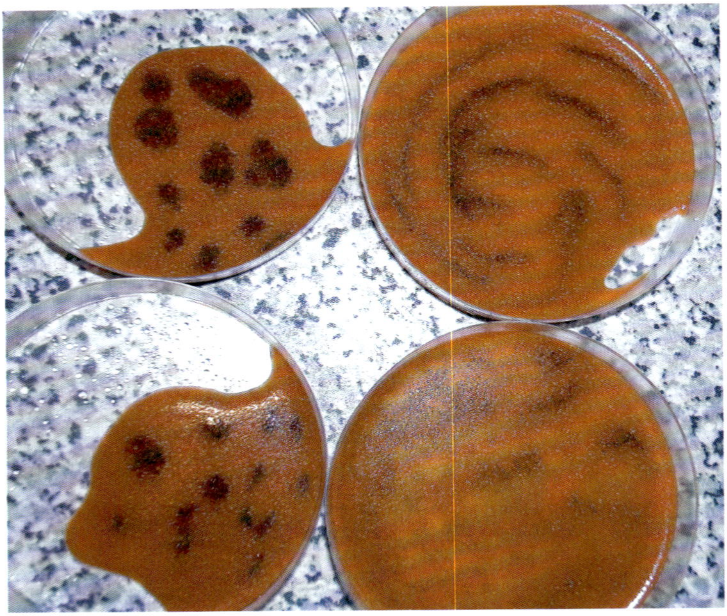

Petrischalen mit angereicherten Artemien

möglichst wenig Wasser als Brei in eine oder mehrere Petrischalen gefüllt. Der Boden darf maximal 1–2 mm mit den Nauplien bedeckt sein. In die Petrischale kann ich dann 15–20 Tropfen der Anreicherungsmixtur geben, also eine wesentlich höhere Dosis als bei der Flaschenanreicherung, ohne Gefahr zu laufen, dass die Artemien ersticken. Die Petrischalen werden dann in den Kühlschrank gestellt und über einen Zeitraum von mindestens zwölf Stunden dort belassen. Einem berufstätigen Hobbyaquarianer passt das zeitlich natürlich viel besser, da er ja in der Regel nur morgens und abends anreichern und füttern kann. Diese Anreicherung und gleichzeitige Lagerung im Kühlschrank kann normalerweise sogar auf 14–36 Stunden ausgedehnt werden, ohne dass die Artemien absterben. In jedem Fall ist vor dem Verfüttern aber sicherheitshalber immer eine Vitalitätsprüfung vorzunehmen, denn abgestorbene Artemien dürfen auf keinen Fall verfüttert werden. Dazu muss man die Petrischale nur gegen das Licht halten, so dass sich die Oberfläche spiegelt; die Bewegungen der lebenden Nauplien sind dann sofort erkennbar.

Brachionus-Anreicherung

Zur Anreicherung von *Brachionus* eignet sich das viel gepriesene DHA-Selco nicht. Der hohe Öl-Fettgehalt verklebt die feinen Härchen, und viele *Brachionus* sterben ab. Rädertierchen werden besser mit grünem

Trockengranulat Selco 3000 oder Culture-Selco-Plus kultiviert, also gezüchtet und gehältert. Phytoplankton sollte natürlich auch regelmäßig zugegeben werden.

Die Anreicherung kann man natürlich auch mit dem gelben Trockengranulat Protein Selco vornehmen. Durch die Zugabe von wenigen Tropfen Lipovit (Tropic Marin) kann man dieses Anreicherungsfutter noch aufwerten. Auch die zur Artemien-Anreicherung selbst hergestellte Mischung kann hier verwendet werden, doch sollte man aus den vorgenannten Gründen mit dem leicht öligen Lipovit und den Lachsölkapseln etwas sparsamer umgehen.

Culture Selco Plus ist für die *Brachionus*-Anreicherung gut geeignet.

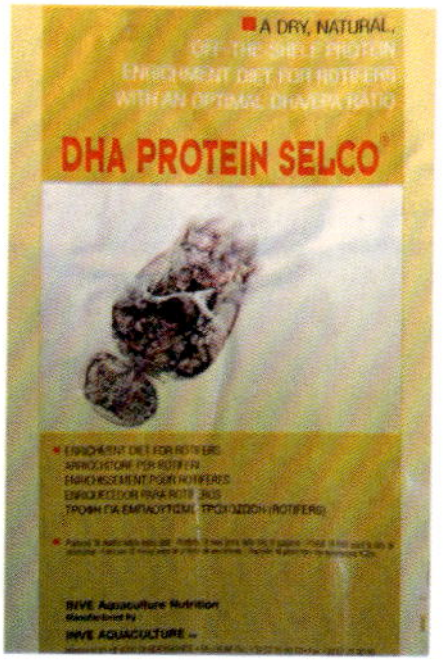

DHA Selco ist meiner Erfahrung nach für *Brachionus*-Anreicherung nicht optimal.

Es ist sehr wichtig zu wissen, dass *Brachionus* innerhalb von 4–6 Stunden angereichert sind, aber wie Artemien auch sehr schnell wieder an Nährwert verlieren, selbst wenn sie in phytoplanktonhaltigem, leicht grünem Wasser schwimmen. Nach 10–12 Stunden müssten die dann wertlosen Zooplankter aus dem Larvenbecken wieder ausgefiltert und durch frisch angereicherte ersetzt werden, denn sonst erhalten unsere Fischlarven keine vollwertige Nahrung, was zu Mangelerscheinungen mit bleibenden Folgen führen würde.

Mit Geduld und etwas Glück wird es sicher einigen Aquarianern gelingen, diese interessanten Leierfische nachzuziehen. Für einen Aquarianer gibt es nichts Schöneres, als einen selbst aufgezogenen Jungfisch heranwachsen zu sehen. Dazu wünsche ich Ihnen viel Erfolg!

Imponierendes *Pterosynchiropus-splendidus*-Männchen
Foto: E. Thaler

Literatur:

MAI, W. (2008): Ein ungewöhnliches Meeresaquarium. – Der Meerwasseraquarianer 3: 44–51

KRAUS, H. (2008): Larvenfalle. – KORALLE 49, 9 (1): 82–83.

Paarungsaufstieg von
Pterosynchiropus splendidus
Foto: D. Schauer

DAS MEERWASSERAQUARIUM

Von der Planung bis zur erfolgreichen Pflege

Dieter Brockmann

Die Meeraquaristik ist eines der faszinierendsten und interessantesten Hobbys überhaupt. Immer mehr Menschen möchten deshalb einen Riffausschnitt mit all seinen wunderschönen Bewohnern bei sich zu Hause pflegen. Wie dieser Wunsch problemlos in Erfüllung gehen kann, zeigt der langjährige Meeresaquarianer und KORALLE-Redakteur Dr. Dieter Brockmann in diesem Praxis-Ratgeber. Der Autor vermittelt hier alles Wissenswerte rund um den Lebensraum Korallenriff und erläutert anschaulich, wie man ein modernes Riffaquarium erfolgreich einrichtet und betreibt. Natürlich geht Dieter Brockmann auch detailliert auf die Bewohner des Aquariums ein und stellt die am besten geeigneten Fische und Wirbellosen in Wort und Bild vor.
Dieses fundiert geschriebene und leicht verständliche Buch ist ein Muss für Einsteiger ebenso wie für fortgeschrittene Riffaquarianer!

- Lebensraum Korallenriff
- Das Aquarium: Größe, Standort, Einrichtung und Systeme
- Technik: von der Beleuchtung über die Abschäumung bis zur Filterung
- Wasserwerte kontrollieren und regulieren
- Schritt-für-Schritt-Anleitung für Einrichtung und Inbetriebnahme des Aquariums
- Die Tiere: Kauf und Eingewöhnung
- Die schönsten und am besten geeigneten Fische und Wirbellose im Porträt
- Faszinierende Fotos

192 S., 216 Farbfotos, 27 Grafiken, Format 17,5 x 23,2cm, Hardcover
ISBN 978-3-86659-058-8

19,80 €

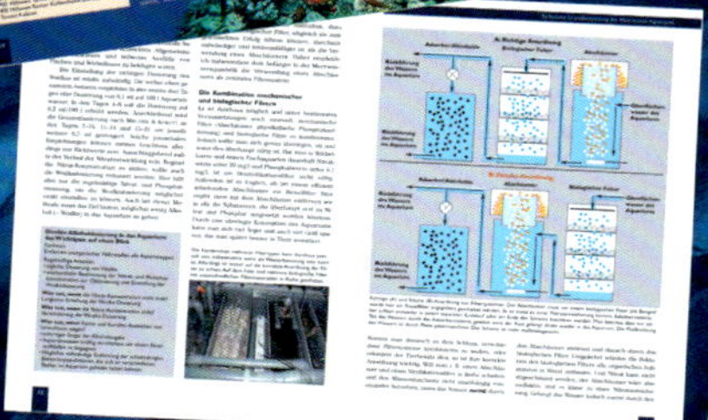

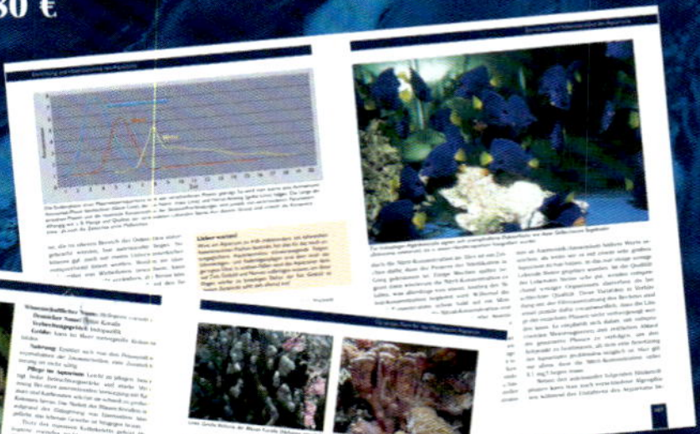

NANO-RIFFAQUARIEN

Einrichtung und Pflege von Kleinst-Meeresaquarien

Daniel Knop

Nano-Riffaquarien rücken faszinierende Lebensformen in den Vordergrund, die in einem „normalen" Aquarium kaum Beachtung finden. Der Betrachter eines Nano-Riffaquariums erlebt, wie Korallen wachsen, und beobachtet andere kleine und kleinste wirbellose Tiere.

Das neue Verfahren, das Daniel Knop entwickelt hat und das er in diesem Buch vorstellt, ermöglicht auch die Unterhaltung kleinster Meeresaquarien, die überall Platz finden! Dieses Buch informiert leicht verständlich und unterhaltsam über Einrichtung und Pflege der zauberhaften Nano-Riffaquarien sowie über die geeignete Auswahl an Tieren.

176 Seiten, 390 Farbabbildungen, Format: 17,5 x 23,2 cm, Hardcover
ISBN 978-386659-134-9

19,80 €

STEINKORALLEN IM AQUARIUM

Daniel Knop

Band 1: Natürlicher Lebensraum, Artbestimmung, Aquariengeeignete Gattungen

144 Seiten, 178 Farbabbildungen, Format 17,5 x 23,2 cm, Hardcover
ISBN 978-3-931587-70-3

Band 2: Aquarienhaltung, Vermehrung, Haltungsprobleme und Lösungen

136 Seiten, 137 Farbabbildungen, Format 17,5 x 23,2 cm, Hardcover
ISBN 978-3-931587-71-0

Noch bis vor kurzem galten die herrlich bunten Steinkorallen als äußerst schwierige Pfleglinge oder sogar als unhaltbar – mittlerweile sind sie aus der modernen Meeresaquaristik nicht mehr wegzudenken. Die ebenso vielfältigen wie faszinierenden Tiere prägen wie kein anderes Element ein dem natürlichen Biotop nachempfundenes Riffaquarium und verleihen ihm den besonderen Reiz.

Daniel Knop, Chefredakteur der Fachzeitschrift KORALLE, gibt in diesen beiden Bänden sein in langjähriger Erfahrung gesammeltes Wissen leicht verständlich und praxisnah an die Leser weiter. Besonderes Augenmerk richtet er auf die geeigneten Pflegebedingungen, die er umfassend und im Detail vorstellt – selbst die Vermehrung der attraktiven Korallen ist mit diesen Tipps kein Problem mehr.

je 24,80 €

DAS MITTELMEERAQUARIUM

Einrichtung und Pflege von Mittelmeeraquarien

Kai Velling

Alles, was Sie wissen müssen, um erfolgreich und mit viel Freude ein Mittelmeer-Becken betreiben zu können. Viele hilfreiche Tipps rund um Einrichtung und Pflege dieses Aquarientyps erleichtern den Einstieg und bieten auch erfahrenen Aquarianern eine reiche Erfahrungsquelle. Natürlich stellt der Autor auch in Wort und Bild die interessantesten Arten vor, die sich für die Aquarienhaltung eignen. Hinweise zum Sammeln, zum Transport und zu gesetzlichen Bestimmungen fehlen ebenso wenig wie Einblicke in die wichtigsten mediterranen Lebensräume: Hartboden, Seegraswiese, Sedimentboden und Meereshöhle.

152 S., 162 Farbfotos, 10 Grafiken,
Format 17,5 x 23,2cm, Hardcover
ISBN 978-3-86659-039-7

24,80 €

Natur und Tier - Verlag GmbH
An der Kleimannbrücke 39/41 · D-48157 Münster
Tel.: 0251-13339-0 · Fax: 0251-13339-33
E-Mail: verlag@ms-verlag.de · Home: **www.ms-verlag.de**

KORALLE

Das Meerwasseraquaristik-Fachmagazin

KORALLE bietet jedem Meerwasseraquarianer eine Fülle interessanter, fundierter und modern gestalteter Beiträge. Alle Ausgaben sind durchweg farbig gestaltet und von hoher Qualität.

Es werden die unterschiedlichsten Aspekte behandelt: Aquarienpraxis, Haltung und Vermehrung einzelner Arten, biologische Hintergrundberichte, Aquarientechnik und -chemie, Neues aus der Wissenschaft, Buchmarkt, Reportagen und Reiseberichte, Interviews und vieles mehr; alles leicht verständlich, allgemein interessierend und unterhaltsam.

Besonders markant ist das ausführlich behandelte Titelthema der KORALLE. Eingeleitet durch eine umfangreiche und brillant bebilderte Fotoreportage, wird das Thema auf den Folgeseiten durch mehrere Begleitartikel vertieft.

Bezugspreise: Einzelheft: 6,50 €
Inland-Abo: 36,90 €
Ausland-Abo: 46,80 €
(Abos inkl. aller Versandkosten)

Weitere Informationen finden Sie unter:
www.koralle-magazin.de

NTV

Natur und Tier - Verlag GmbH
An der Kleimannbrücke 39/41 · D-48157 Münster
Tel.: 0251-13339-0 · Fax: 0251-13339-33
E-Mail: verlag@ms-verlag.de · Home: **www.ms-verlag.de**